"十三五"职业教育部委级规划教材

服装概论

花　芬　编著

国家一级出版社　　中国纺织出版社　全国百佳图书出版单位

内 容 提 要

　　《服装概论》是一本学习和研究服装的基础性、框架性的专业理论教材，是服装职业学校的基础课教材。全书共六个单元，以服装文化为主线，由服装概念与起源、服装发展与变迁、服装构成与管理、服装流行与预测、服装营销与品牌和服装形象设计与展示等内容组成。通过较为系统的介绍，展示服装领域的主体内容。是为服装从业人员尽快了解和熟悉服装业内各领域的基本研究内容和方法的导向性阅读书籍，综合性强。

　　本书图文并茂，通俗易懂，书中配有大量图片及图案，并在每一单元后列出思考题，起到提示重点、巩固学习效果的作用。本书可作为职业学校教材，也可以作为服装设计、销售、管理者和广人业余爱好者的参考读物。

图书在版编目（CIP）数据

服装概论 / 花芬编著. —— 北京：中国纺织出版社，2018.11（2023.7重印）

"十三五"职业教育部委级规划教材

ISBN 978-7-5180-5547-0

Ⅰ．①服… Ⅱ．①花… Ⅲ．①服装学－职业教育－教材 Ⅳ．① TS941.1

中国版本图书馆 CIP 数据核字（2018）第 250465 号

责任编辑：朱冠霖　　特约编辑：宁　琳　朱　方
责任校对：王花妮　　责任印制：何　建

中国纺织出版社出版发行
地址：北京市朝阳区百子湾东里A407号楼　邮政编码：100124
销售电话：010—67004422　传真：010—87155801
http://www.c-textilep.com
E-mail: faxing@c-textilep.com
中国纺织出版社天猫旗舰店
官方微博 http://weibo.com/2119887771
北京通天印刷有限责任公司印刷　各地新华书店经销
2018年11月第1版　2023年7月第3次印刷
开本：787×1092　1/16　印张：12
字数：209千字　定价：58.00元

前言

　　服装概论这门课程属于服装专业的基础理论课程，内容涉猎范围较广，并且大多数内容以介绍性为主，深入的知识会在其他课程中进一步学习，那么如何掌控本书的深度和内容安排便成为本书编写时重点考虑的问题。通过多年的教学，不断了解学生兴趣点和总结学生的反馈，本书在传统教材的内容上进行了适当的调整，添加了一些学生迫切想了解的领域，如专业岗位分析等，同时注重教材的科学性、系统性、合理性，合理安排章节，力求做到深入浅出，使学生通过对本书的学习能够较为全面地了解服装学的基础知识，为深入学习其他服装专业课程起到启发和引导作用。

　　本书是中等职业教育服装设计与工艺专业"十三五"部委级规划教材，是服装专业的基础教材。本书主要从美学、文化学、设计学等综合角度，对服装设计以及相关学科进行较为系统的介绍。主要内容包括服装的概念、起源、产业、构成以及流行、营销等。

　　本书首次以任务书的形式出现，目的是希望刚刚进入服装领域学习的学生以及业余爱好者，在学习每章节内容时目标明晰，避免服装概论学习的盲目性，能够对服装行业有一个正确的认识，建立科学的学习观念，掌握正确的学习方法，为今后的学习打下良好基础。

　　全书共六个单元，参与本书编写的老师分工如下：单元一由郭宇微（中原工学院信息商务学院）编写；单元三任务三由花芬（郑州市科技工业学校）编写；单元二由龚智芳（郑州市科技工业学校）编写；单元三任务一、任务二由殷雅娜（开封市科技工业学校）编写；单元三任务四由樊新娜（巩义市第三中等专业学校）编写；单元四任务一由董明冉（潍坊工商职业学院）编写；单元四任务二、任务三由陈韶强（河南省财经学校）编写；单元五由朱昀（郑州市科技工业学校）编写；单元六由王伟宏（郑州市科技工业学校）编写。

　　本教材注重理论知识的系统性与科学性，希望本教材的出版能够丰富服装专业的教学内容，在我国服装专业教材建设中起到推动作用。由于我们的能力有限，书中难免有些错误和不足，还请广大专家和读者批评、指正！

编著者

2018年10月

目录

单元一

绪论

单元一　绪论

任务一　服装的基本概念与属性

任务描述

通过本节任务的学习，了解服装的基本概念和服装的多重属性，系统而全面地对服装领域进行深入了解。

能力目标

（1）掌握服装的本质特征，并能对服装进行正确地分类。

（2）对服装及其相关概念有初步的了解。

（3）掌握服装基本属性的范畴。

知识目标

（1）掌握服装的基本概念及内容。

（2）了解服装的基本属性。

（3）了解服装的社会意义及民俗意义。

学习任务1　服装的基本概念

一、任务书

掌握服装的基本概念及包括的主要方面，并能举例说明每个部分对应的具体内容；能准确理解服装的相关概念，并能说明它们之间的区别与联系（图1–1）。

1. **能力目标**

通过对服装及其相关概念的介绍，使学生具备对服装的初步了解，产生对服装学科的学习热情和兴趣，同时使学生对服装及其背后的社会文化及社会意义有一定的认识。

2. **知识目标**

（1）掌握服装的基本概念及包括的主要内容。

（2）了解服装相关的概念及其内涵。

（3）理解服装所表达的社会文化及社会意义。

服装的基本概念
- 服装包括的四个方面的内容
  - 衣服
  - 佩饰
  - 化妆
  - 配件
- 服装的相关概念
  - 被服
  - 时装
  - 高级时装
  - 成衣
  - 高级成衣
  - 制服
  - 服装设计
  - 服装表演

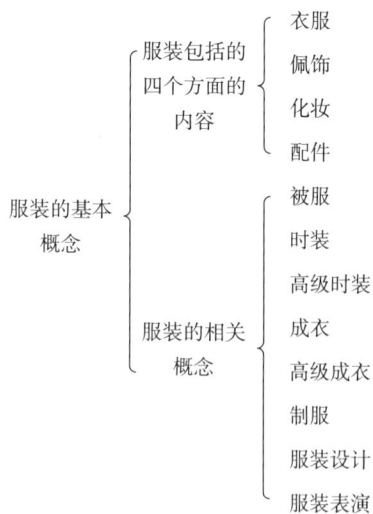

图1–1　服装基本概念

二、知识链接

"服装"是什么？"服装"又包含哪些具体的内容？我们日常生活中常说的"服装"与"服饰"含义是否一致呢？作为服装及其相关专业的学生，这些问题是专业学习之初不可回避的，同时也是我们作为一个普通着装者最常见的问题，是了解服装最需要明确的基本概念。

首先，我们来了解服装与服饰之间的区别与联系。

1. "服装"与"服饰"概念的区别

"服装"这个概念，目前在我国无论是在日常生活中、营销中还是行业领域，都是应用最广泛的。通常有两种含义：一种是指对所有穿戴的总称，是衣裳、衣服的别称，并且主要是指在某一时期内，能够被大多数人所选用的常规性服装。另一种含义是指人体着装后的一种效果。"服"就是包裹、穿戴的意思，"装"就是装扮、打扮的意思，即实用性与装饰性的完美统一。

在生活中我们经常听到"服装"和"服饰"这两个名词，但它们之间到底有什么不同，却难以说清楚。有人这样解释："服装"就是衣服；"服饰"中不仅有衣服，还包括饰品。这样的理解被人们广泛地接受，但是否正确呢？对此，不同的学者有不同的见解。

无论服装还是服饰，都应该包括四个方面的内容：

①衣服（主服、首服、手服、足服），如上衣下裳、帽子、围巾、手套、鞋等，其特点主要是带有覆盖性。

②佩饰，如簪、钗、笄、耳环、项链、手镯、戒指等，其特点是以装饰为主要目的。

③化妆，包括原始的身体装饰，如文身、文面、割痕、瘢痕、涂彩等，和现代人的文眉、文唇及化妆类似，主要特点是施以肌肤。

④配件，如佩刀、佩剑、包、伞、文明棍等，主要特点是附加在人的整体服饰形象上，可以鲜明地显示出一个人的身份和社会角色。

2. 时装

时装是指在特定的时期和区域内，能够被人们所接受的新颖时尚，具有鲜明时代感的流行服装款式（图1-2、图1-3）。"时装"的概念是相对于在一定时间、一定区域内变化较少的常规服装而言的，具有时间性和周期性。根据流行影响的范围及受众人群的特征与数量，可以将时装分为前卫性时装（Mode）和大众性时装（Fashion）。前卫性时装由于具有较强的个性，故所接纳人群的思想也较超前，但数量较少；大众性时装与前卫性时装相比，在一定时期和地域内，能够被大多数消费者所接受。现在"时装"一词通常指变化丰富的女装。

3. 高级时装

又称高级女装。起源于19世纪中叶，由英国设计师查尔斯·夫莱戴里克·沃斯创立的，以上流社会的贵妇为对象，单件设计并以手工制作，具有极高完成度的艺术服装。高级时装是时装的顶级产品，原创性的设计和完美的手工缝纫技术是其不可或缺的构成要素（图1-4）。

人们对高级时装总是如雾里看花，不知其标准和艺术价值，其实服装界对高级时装的界定有着非常明确的标准：首先，在巴黎有设计师工作室；其次，经营者至少有20名全职手工工人；服装必须要量身制作；其品牌必须每年举行两次发布会；最后，每季至少要推出65套服装。一件高级时装的完成，至少要三次以上的试穿和调整修改。

图1-2　John Galliano设计Dior 2004春夏高级时装

图1-3　Christian Dior发布2015早春系列高级成衣

图1-4　拉夫·西蒙的Dior 2015春夏高级订制系列手工部分

4. 成衣

成衣是依据一定标准进行工业化批量生产出来的，并按号型销售的成品服装。"成衣"是相对于在裁缝店定制及家庭自制出来的单件服装而言的。现在服装专卖店、商场专柜、超市中出售的都是成衣。服装上均标有号型：155/80A或160/84A等。其中，155、160表示人体高度，是设计和选购服装长度的依据；上装中，80、84表示人体的胸围，是设计和选购服装胖瘦的依据；字母表示人体的体型特征，Y为瘦体型，A为标准体型，B为偏胖体型，C为胖体型。成衣普及率的高低，体现了一个国家或地区的工业化生产水平以及消费结构。

5. 高级成衣

高级成衣是从高级时装中派生出来的，是高级时装设计师以中档消费对象为目标，从高级时装中筛选出部分适合于成衣生产的作品，并运用一定的高级时装工艺技术，小批量生产出的高价位成衣。现在泛指制作精良，设计风格独特，价位高于大批量生产出的成衣的高档成衣（图1-5）。高级成衣的出现和发展打破了服装艺术为少数人欣赏和享用的传统观念，成为当今社会真正的时尚风向标。目前几乎所有的高级时装均开设有高级成衣的产品线及二线品牌，并成为高级时装品牌主要的利润来源。

图1-5　GIORGIO ARMANI 2015春夏高级成衣系列

6. 制服

制服是指在一定历史时期内的某社会集团或阶层，按制度或法规穿用的、具有标志性的特定服装（图1-6、图1-7）。如古代的朝服、官服和公服；现代的军服、警服、厂服、校服等。制服随着人类社会活动及职业的细分，划分得也越来越细，成为区别于日常自由服装的另一个衣装体系。

图1-6　航空公司空乘服务人员制服

7. 服装设计

对于服装设计的概念，很多非专业人士认为只是对服装款式的设计，这是不全面的。实际上服装设计是包括款式设计、结构设计、工艺设计各个环节在内的总称。

8. 时装表演

时装表演是为了扩大和提高设计师或企业的知名度，或者为了推销新产品，让时装模特穿戴上设计师所设计的服装样品，在特定的场所向观众进行展示的一种行为。时装表演最初起源于19世纪中叶，由著名时装设计师沃斯首开先河。

服装表演分为很多种类，既有时装之都顶级品牌的秀场展示（图1-8），也有企业和服装公司对品牌产品的宣传展示；有服装院校对师生作品的公开展示，也有大型卖场对所卖产品的销售展示；另外还有设计师对作品的小规模展示等。

图1-7　陆海空三军仪仗队礼宾服

■ 特别提示

与服装相关的概念很多，包括服装的品牌、服装的流行、世界时装之都、服装的文化与风格等方方面面。大家在课程学习之余可以关注服装相关网站及书籍，以宽阔的视角来关注服装领域的发展及变化，把它作为一种兴趣和爱好来培养，就会发现学习是一件非常快乐且

图1-8 约翰·加利亚诺（John Galliano）及其2008年秋冬高级定制时装表演盛况

愉悦的事情！

三、学习拓展

作为服装的初学者，面对眼花缭乱的服装世界和纷繁复杂的服装资讯，往往会出现不知所措、无从下手的慌乱心情。这里我们帮大家梳理一下获取服装流行资讯的方法与途径。

（一）专业展会

在国内外具有影响力的专业展会及其发布的流行趋势，是获得服装流行资讯的一手材料。

中国国际服饰博览会（CHIC）于每年的3月份举行，它不仅是中国服装业界公认的年度盛会，同时也是亚洲地区最具规模与影响力的服装专业品牌展览会，是服装业界公认的服装品牌推广、创新展现、潮流发布、资源分享及国际交流的最佳平台。各种文化、艺术、创意等跨界资源的融入使CHIC成为每年三月时尚业界乃至社会关注的焦点，并成为中国乃至世界服装业的"风向标""晴雨表"（图1-9）。

图1-9　2015年中国国际服饰博览会网站

Premium Fabric上海国际时尚面料展览会于每年下半年在上海举行，针对目前国内外品牌服装的需求及面辅料商的发展方向，定位于面向品牌服装的中高档面辅料生产商、采购商及设计师，发布最新的纺织品、面料流行趋势、流行色趋势和服装流行趋势（图1-10）。

图1-10　2014年上海国际时尚面料展览会网站

除了国内，世界服装中心均有不同月份的服装展，如：英国的"国际伯明翰服装展"；美国的"拉斯维加斯魅力服装展"；意大利的"佛罗伦萨服装展"等。这些展会以其权威的流行发布，全世界参展商流行产品的集中展示，向服装及时尚界不断推出对流行的全新界定和诠释，并在一定程度上影响着某些地区的市场流行及变化趋势。因此，这些专业展会发布的流行信息极具参考价值。

（二）专业出版杂志

国内及国际都有一些大家耳熟能详的专业杂志和报纸，一般分为以下几类：

1. 女性专业服装刊物

《女装流行趋势预测》（*Couture; the Ultimate Fashion & Beauty Guide For Women*）、《国际时装预测》（*Fashion Forecast International*）、《流行针织时装》（*Vogue Knitting*）等都是专业杂志。另外VOGUE、ELLE、BAZAAR、WWD等也是世界公认的女装时尚刊物。国内也有《时尚》《世界时装之苑》《装苑》等。这些杂志针对的是广大的消费者，属于时尚休闲类杂志（图1-11）。

图1-11　女装杂志

2. 男性专业服装刊物

男性专业服装刊物主要有：德国男装时尚杂志（*OTTO-Manner*）、法国男装时尚杂志（*Elle Man*）、美国男装流行时尚杂志（*Bello*）、德国男装系列时尚杂志（*Deerberg*）、俄罗斯男装流行时尚杂志（*Collezioni*）等（图1-12）。

3. 儿童服装杂志

著名的儿童服装刊物主要有：意大利出版的*Vogue Bambini*、西班牙出版的*Divos*（*Children Wear*）、意大利出版的*0/3 Baby Collezioni*等。

图1-12　男装杂志

图1-13　《国际纺织品流行趋势》

4. 国内的专业出版刊物及信息机构

中国纺织信息中心出版的《国际纺织品流行趋势》（图1-13）、中国服装研究设计中心出版的《中国服装流行趋势预测发布》等，主要针对服装和纺织品专业设计人员，提供国际和国内流行色、面料和服装设计方面的最新信息。

（三）服装专业网站

1. http://www.firstview.com（提供世界顶级设计师最新作品的照片）

2. http://www.lookonline.com（提供时装公司和零售商的照片和地址）

3. http://www.fashioncenter.com（提供纽约时装市场情况）

4. http://www.fashion-era.com/（介绍世界服装发展史及流行趋势）

5. http://rs.bift.edu.cn/SiteHome/2014/SiteHomeView（北京服装学院特色资源库）

学习任务2 服装的属性

一、任务书

掌握服装的属性分类，理解服装物质性、实用性及装饰性的内涵，并能结合具体实例说明服装属性包括的具体因素，理解服装属性之间的内在联系（图1-14）。

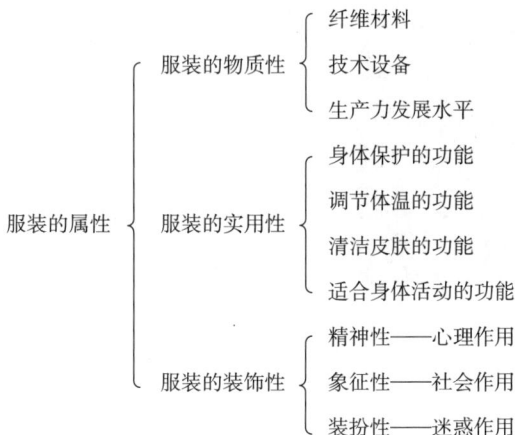

图1-14 服装的属性

1. **能力目标**

通过对服装基本属性的介绍，使学生了解服装的物质性是其基本属性；理解服装作为有形文化的物质载体，是集物质性、实用性、文化性和装饰性于一体的；理解服装多重属性相互之间的联系。

2. **知识目标**

（1）掌握服装的基本属性及包括的主要内容。

（2）了解服装各种属性的内涵。

（3）理解服装多重属性相互之间的联系。

二、知识链接

属性是指某一事物所具有的特点和性质，并且是其他事物所不能代替的。服装是利用一定物质材料，经过构思、设计、制作完成的具有实用性并具有装饰性的物质产品。因此，服装具有多种属性。

（一）服装的物质性

服装作为一个有实用性的实体，其本身是物质所构成的，服装的物质性是其存在的基础。它需要有面辅料作材质，并通过缝制最终形成具有实用性的产品。因此，服装的形成在一定程度上受到物质材料发展水平的影响；同时，服装也像一面镜子，反映着社会物质生产与物质技术水平的发展状况。所以，在一定意义上说，服装的物质性是社会生产力发展水平的重要标志。

图1-15 服装的基本属性——实用性
（生活在俄罗斯北极地区的楚科奇族服装）

（二）服装的实用性

人类创造服装的主要目的就是穿着，也就是服装的实用性，主要是指服装对于人体生理机能补助的需要和身体保护的需要。如图1-15、图1-16所示，前者是为应对自然界气候的变化，服装能够调节体温，保持身体的舒适感；后者是为应对外界各种危害，提供对身体的保护。从卫生和保健的角度来说，服装的实用性还包括保持皮肤清洁和适合身体活动的功能。

（三）服装的装饰性

服装的装饰性是着装者体现个性特点和社会特征的主要表现。服装不同的装饰，能显示出人们不同的身份、地位，成为人们在公共场合的礼仪，形成一定的风俗习惯等社会规范。具体来说，服装的装饰性表现在以下几个方面：

1. 服装的精神性

服装的精神性通过着装者的心理体验来完成，并从着装风格中表现出来。例如，我们描述不同形象的人物时，常常这样形容：端庄典雅、动感活泼、内敛含蓄、清新自然、优雅迷人等。给予我们这种心理体验或心理作用的，正是通过服装的精神文化内涵所表现出来的个人形象或被社会所认同自我形象。久而久之，这种服装所表现出来的精神性，就成为了一种精神象征，而这种服装的装扮方式就成为了一种服装风格（图1-17~图1-19）。

图1-16 服装的基本属性——实用性（生活在肯尼亚中北部桑布鲁族服装）

图1-17　端庄典雅的赫本形象

图1-18　动感活泼的运动形象

2. 服装的象征性

服装的象征性，体现了人们不同的职业、身份、年龄、性别、社会阶层等社会作用。这在周代几近完备的冠服制度中有很好的表现。最典型的冕服应包括冕冠、上衣下裳、腰间束带，前系蔽膝，足登舄屦。冕服上绣有十二种纹，称为"十二章纹"。冕服将日、月、星辰、山、龙、华虫绘之于衣，还将宗彝、藻、火、粉米、黼、黻绣之于裳。图案纹样是基于现实主义的想象并具有特定的象征性。日、月、星辰，取其照临；山，取其稳重；龙，取其应变；华虫（一种雉鸟），取其文丽；宗彝（一种祭祀礼器，后来在其中绘一虎一猴），取其忠孝；藻（水草），取其洁净；火，取其光明；粉米（白米），取其滋养；黼（斧形），取其决断；黻（常作亚形，或两兽相背形），取其明辨。冕服及十二章图案为中国后世服装礼制的发展奠定了基础（图1-20）。

3. 服装的装扮性

服装的装扮性，是利用服装标识的区

图1-19　另类前卫的朋克服装

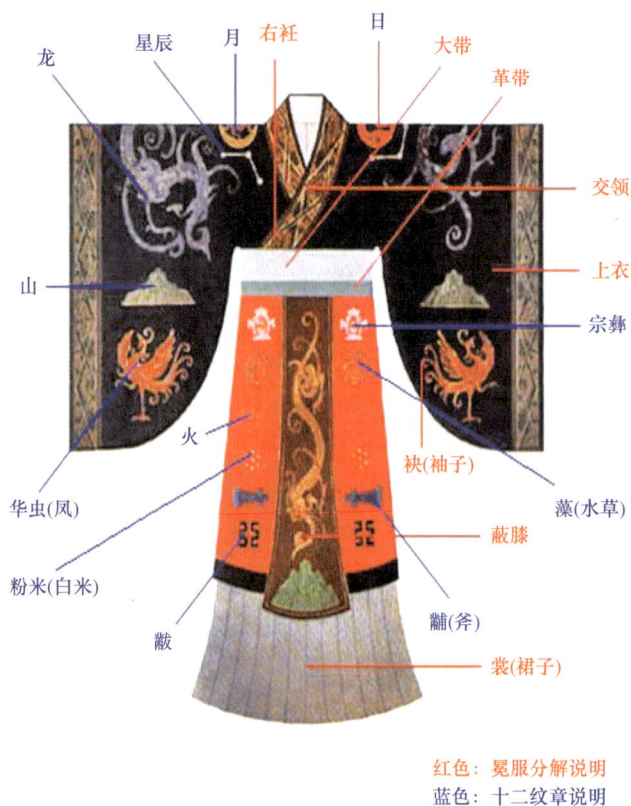

龙　星辰　月　右衽　日　大带　革带

交领

上衣

宗彝

山

火　黼(袖子)　藻(水草)

华虫(凤)　蔽膝

粉米(白米)　黻(斧)

黻　裳(裙子)

红色：冕服分解说明
蓝色：十二纹章说明

图1-20　冕服及十二章纹

别效果，通过装扮、伪装的方法改变着装者的身份特征，达到迷惑对方或假扮他人的目的。这种服装无论在远古还是现代都很常见。早在石器时代人们狩猎时就已经出现过假装的痕迹；舞台服装、发型和化妆形式是演员扮演角色而常用的服装和装扮手法（图1-21）；军事

图1-21　歌剧舞台表演服装

上的迷彩服是野战军经常采用的伪装方法（图1-22）；假装服是人们参加化妆舞会或祭祀活动穿着的服装（图1-23）。

图1-22 迷彩服具有隐蔽性的特点

图1-23 陕西宝鸡社火面具

综上所述，服装不仅具有物质性，更兼具多重属性。无论服装中蕴含多少种属性，它都必须符合穿着的不同环境和场合，衬托人们在社会生活中的美好形象，共同体现服装的社会价值。

■ **特别提示**

服装虽具有物质性，但不是自然的产物，而是社会经济活动的产物。在服装中不仅体现着穿着者的社会形象，更体现了服装与社会生产力、服装与社会规范、服装与社会制度等更深层次的内涵，需要我们在专业学习中、在社会实践活动中仔细体会。

任务二 服装的起源和形成

任务描述

通过本节任务的学习，掌握服装的发展和形成历程，理解并掌握服装起源的诸学说，进而深入理解服装与人类社会生活及精神生活之间的关系。

能力目标

（1）能够归纳和总结有关服装起源的各种学说。

（2）能够结合现代社会人们普遍的着装心理，进一步理解服装的起源及形成过程。

（3）能够理解服装起源的复杂性。

知识目标

（1）了解服装的起源和形成过程。

（2）理解并掌握服装起源的诸学说。

（3）理解服装形成的漫长发展历程。

学习任务1　服装起源诸学说

一、任务书

掌握服装的起源的主要学说，理解保护说、装饰说、遮羞说、护符说的主要内涵，并能举例说明各学说的依据及主要内容，进而理解不同的服装起源学说所反映的心理表现（图1-24）。

1. 能力目标

能够归纳和总结有关服装起源的各种学说。

2. 知识目标

（1）了解服装的起源和形成过程。

（2）理解并掌握服装起源的诸学说。

（3）理解服装起源不同学说所反映的心理表现。

（4）理解服装形成的漫长发展历程。

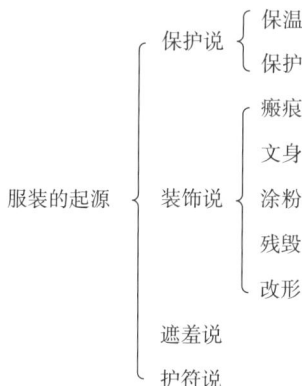

图1-24　服装的起源

二、知识链接

（一）服装的创始

服装从何而来？服装从何时成为人类生活中不可缺少的一部分？最早的服装是什么材质？又是什么样式……这一系列疑问是每一个接触到服装的现代人类都非常好奇的话题。因此，研究人类服装的起源动机，一直是服装文化和服装发展史研究中一个重要课题。

图1-25　一名尼安德特男性的复原塑像

1. 原始人类的发展及早期服装的雏形

人类在地球上出现大约是100万年以前的事情。原始人类的发展包括三个阶段：猿人、古人（早期智人）和新人（晚期智人），然后才逐渐进化发展成为现代人。

最初的人类到底是什么样子呢？

无论猿人还是早期智人（如尼安德特人，因1856年在德国杜塞尔多夫尼安德特流域附近，首次发现了10万年前的智人遗骨化石而定名），都满身长着长毛，与现代人类有着明显区别。但他们已经开始使用火，而且已经有了用兽皮包裹身体的"穿着"经验（图1-25）。大约到五万年前的旧石器时代末期，随着第四冰河期的结束，出现了克罗马农人（1868年发现于法国多边尼地区维吉尔河流域峡谷中的一个叫克罗马农的岩洞里），他们已经失去了体毛，是现代人类的直系祖先。

考古学把人类的历史分为石器时代、青铜器时代和铁器时代三个阶段。石器时代又分为旧石器时代、中石器时代和新石器时代。在新石器时代晚期，相当于晚期智人阶段，生产力有了很大的发展，石器加工精确美观，骨器和角器也广泛使用，出现了骨针、鱼钩、骨梭等精巧的器具。这种带有针鼻的骨针，为最早的兽皮服装的缝合提供了专业的工具（图1-26），不仅如此，当时的人类还在皮子上施以色彩，用骨棒压出花纹。

图1-26 山顶洞人使用的骨针

2. 纤维织物的出现及纺织技术的发展

1853年冬天，在瑞士苏黎世湖底发现的麻织物和毛织物，织造技巧高超，有经过染色的痕迹，据推测是公元前5000~4000年的东西。在南土耳其发现的距今8000年前的毛织物残片，其经纬密度同今天的粗纺毛料织物的密度惊人的相似。在我国7000年前的仰韶文化遗址也出现了不少纺织物残留的遗迹。

这些织物的出现并非偶然，在这之前约有5000年的渐变和发展期，那就是编结和纺线的经验积累。在人类纺织的历史中"编"的技术比"纺"的技术出现得早。"编"与"织"，虽然技巧类似，但材料的不同导致其成品的差异。人类用葛、藤、苇、树皮等编网、席子等，通过两组线状材料的交叉、打结等形成网状的面，这就是"编"，是向"织"发展的一个必经阶段。

纺线技术是人类在新石器时代最重要的创造。通过"加捻"把许多短纤维接续起来，这就是"纺线"技术。在人类创造织物的过程中，寻找和选择合适的纤维材料占据了大半的时间。经过长期的选择和淘汰，最终发现了适合于纺织的几种纤维材料——毛、麻、丝、棉，一直延续至今。

（二）服装起源的诸种学说

人们很早就开始关注服装的起源问题，这不仅是研究服装发展史不可回避的一个问题，也是人类学、心理学、民族学等领域共同的研究课题。

关于服装的起源动机和形成学说，各界学者观点不一，见仁见智，但归纳起来主要有以下几个大类。

1. 保护说

保护说认为，服装的起源是人类为了适应气候环境或为了使身体不受伤害，而从长年累月的裸体生活中逐渐进化到用自然的或人工的物体来遮盖和包装身体。概括起来主要为保温和保护两种目的。

这种学说不难找到支持的论据，如尼安德特人为了适应第四冰河期的寒冷，已经开始使用毛皮衣物，此时御寒保温似乎成为了服装的目的和起因。但同时也存在着许多与此不同的观点，如现在未开化的人种对于寒冷和恶劣的天气并不在乎，也是裸体生活；而生活在热带的原始人却有穿着厚重衣物的现象。可见，人类对环境具有很强的适应性，未必一定需要衣服来保暖。另外，穿衣是为了保护身体不受外物伤害似乎也很有道理，直立行走使人体腹部暴露无遗

图1-27 英国摄影师吉米·纳尔逊
《凝固的影像》

容易受伤，因此出现了缠腰布之类的服装，但上述事例也同样使这种说法显得苍白无力。

2. 装饰说

这种学说认为，服装的起因来自人类为了装饰美化自我，创造性地表现自己的心理冲动。原始时期的人类不懂得穿衣，也不需要用服装来保护自己，至今仍有一些民族过着原始生活，他们不穿衣服，但都无一例外地通过涂粉、文身、染齿、涂甲、披挂兽皮、兽骨、树叶来装饰自己（图1-27）。

3. 遮羞说

这种学说被一定范围的人们所认同，认为服装起源于人类的道德感和性羞耻，认为男女为避免对方看到自己身体的性器官而予以遮盖，以得到心理上的安全感（图1-28）。但这种说法被越来越多的社会心理学等领域的研究所批判。

图1-28 文达土著人的服装

社会心理学的研究表明，对裸体的羞耻感不是生来就有的。所谓的"羞耻"是文明人的道德观和伦理观。对于有几百万年裸态生活经验的原始人来说，是不存在"裸体"和"羞耻"概念的，这些观念正是因为人类穿着服装后才产生的，而非最初的着装动机。

4. 护符说

原始人在自然崇拜和图腾信仰中，相信万物有灵。为了使恶灵不能近身，同时为了得到善灵的保护，会用绳子把特定的物体，如贝壳、石头、羽毛等戴在身上以示保佑和辟邪（图1-29）。现代人类也有着同样的佩戴行为，如端午时节儿童佩戴的香包和五彩丝线；幼儿身上佩戴的金银手镯和长命锁等。

图1-29　古埃及法老佩戴的荷鲁斯之眼护身符

显然，这种学说基于人类信仰观念的考虑，而信仰是在社会组织复杂化之后，社会发展到一定阶段才出现的一定形式的宗教和信仰。

■ **特别提示**

关于服装的起源，我们无法用一个定论去解释，任何单一的结论都不可能是真正准确和唯一的，但我们可以通过不同的角度去理解和看待这个问题。

三、学习拓展

对于各种不同的服装起源的学说，我们可以这样去理解：

首先，我们需要理解的是服装（饰）起源的基础，就是原始文明。各种起源文化、偶然观念、自然影响都普遍并广泛地交织在一起，形成了融合、模糊的原始文明。服饰就产生于这种原始文明的基础之上。

其次，人类的进化同服饰的起源息息相关。在人类的进化过程中，人脑的演化、思维的发展影响着对服饰的态度。

最后，劳动也使服饰成为可能。无论是直接采集的贝壳，随意围裹的兽皮，还是加工打磨的猛犸牙都是人类劳动的结果。无论这些行为是无心还是有意，这些服饰附着于天然人体的行为都是意义重大的，说明了服饰的产生。

人类认识服饰的时间比服饰的产生要晚得多。人类对于服饰的认识也是从无到有，并且更加复杂。我们了解并学习服装的起源，是我们认识服装和学习服装的基础和开端，为今后在服装职业化道路上的前行扬帆引航。

学习任务2　服装的形成

一、任务书

理解服装的形成过程，掌握"裸"态生活阶段、兽皮叶草装饰阶段、纤维织物阶段的代表性人类及服装特点，理解服装与人类社会生产力发展之间的关系（表1-1）。

表1-1 服装的形成

服装的形成	"裸"态生活阶段	距今约300万~20万年，直立的猿人	服装特点	代表性人类	我国的元谋人、蓝田人、北京人
					德国海德堡人
					坦桑尼亚舍利人
	兽皮叶草装饰阶段	距今25万~1万年，人类的发展进入了智人阶段	服装特点		法国克罗马农人
					南非弗洛罗里斯巴人
					我国柳江人、山顶洞人
	纤维织物阶段	大约1万年前，人类进入了新石器时代	服装特点	代表文化	新石器时代后期距今5千年的仰韶文化距今5千~4千年的良渚文化

1. 能力目标

了解原始人类服装产生的过程及阶段，掌握每个历史阶段的主要内容。

2. 知识目标

（1）初步了解服装的形成过程。

（2）了解人类原始社会的服装状况。

（3）理解并掌握服装形成的三个阶段。

（4）理解服装与人类社会生产力发展之间的关系。

二、知识链接

（一）人类形成与发展的漫长历程

关于人类的起源与发展，经过近代古人类学、分子生物学以及古生态学等众多学科的深入研究，普遍认为距今700多万年前，古猿的某一支从猿的种类中分离出来，开始向人类进化。距今大约300万年前，地球上出现了能够制作石器的早期猿人；而距今180万年至二三十万年前，出现了能够直立行走的晚期猿人；距今10万~5万年前出现了早期智人（尼安德特人），之后发展到了晚期智人（克罗马农人、山顶洞人）（图1-30）。

人类发展的脉络复杂而漫长，而人类"穿衣打扮"的历史却相对较短。人类有记录的历史也不过5000年左右，能有服装记录的历史就更是少之又少。那么最初的人类到底是什么样子呢？是如何穿着打扮呢？

（二）史前人类的"穿衣打扮"

1. "裸"态生活阶段

距今300万~20万年，直立的猿人已经开始分布于欧、亚、非三大洲，他们已经能打制简单的石器，使用天然火源。这期间地球经历了三次冰河期，猿人以自身的体毛抵御寒冷，这样生活了近200万年。这一阶段距今历史悠远，虽然没能留下任何关于猿人着装的"蛛丝马迹"，但是火的使用却为人类抵御寒冷提供了更多的可能，向着装的发展迈进了一大步。

2. 兽皮叶草装饰阶段

距今25万~1万年，人类的发展进入了智人阶段，其体质特征与现代人类已经没有太多

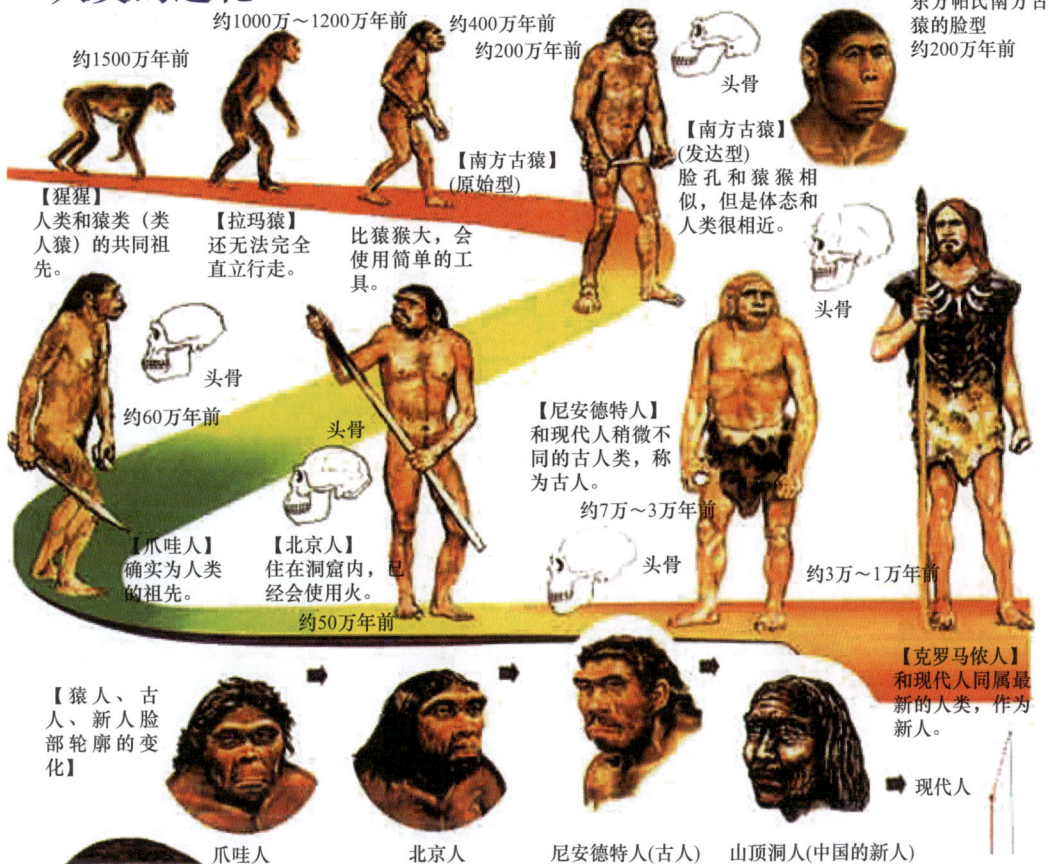

图1-30 人类的进化

人类的进化 从挖掘得到的人类祖先化石中，我们可以了解，人类是由猿猴进化而来的。

约1500万年前

约1000万～1200万年前

约400万年前
约200万年前

头骨

东方帕氏南方古猿的脸型
约200万年前

【猩猩】
人类和猿类（类人猿）的共同祖先。

【拉玛猿】
还无法完全直立行走。

【南方古猿】
（原始型）
比猿猴大，会使用简单的工具。

【南方古猿】
（发达型）
脸孔和猿猴相似，但是体态和人类很相近。

头骨

约60万年前

头骨

【尼安德特人】
和现代人稍微不同的古人类，称为古人。

约7万～3万年前

头骨

约3万～1万年前

【爪哇人】
确实为人类的祖先。

【北京人】
住在洞窟内，已经会使用火。

约50万年前

【克罗马侬人】
和现代人同属最新的大类，作为新人。

【猿人、古人、新人脸部轮廓的变化】

爪哇人

北京人

尼安德特人（古）

山顶洞人（中国的新人）

→ 现代人

的差别。他们已经能够制造多种较为精细的石器，如鱼钩、骨针、骨锥，甚至可将兽牙、贝壳、石子打磨精致制成项链等饰物。此时的人类正处于第四冰河期，体毛逐渐退化，能使用火及各种石器，并能剥取动物的皮毛，经过简单处理后穿在身上。

骨针缝合动物毛皮制作的服装，主要适用于气候较为寒冷的地区；而在气候较为温暖的地区，则主要使用骨锥扎叶，穿藤皮长草编制的服装。晚期智人对于动物毛皮的使用和穿着，逐渐演变为近代人类穿着的动物皮板及动物毛纤维；而他们对植物的认识和利用，为发现和使用植物纤维奠定了基础。皮服（以皮为服）和卉服（以草卉为服）这两种智人创造的原始服装，标志了原始服装的诞生，是人类早期服装的雏形。

此时的智人，已经萌发了朦胧的审美意识和图腾崇拜。这一时期大量的考古发现，原始人类已经懂得了用附属品装饰自己。从许多史前遗物和现代原始部落中还可以看到不同的人体装饰现象。原始人在身体上附加装饰物的行为，无论是出于何种原因，都表明了人类在服装发展的过程中，经历过人体装饰阶段。

3. 纤维织物阶段

大约1万年前，人类进入了新石器时代，出现了农业和畜牧业的蓬勃发展。原始农业、畜牧业的出现，使人类认识到生产、生活用具的重要性，出现了大量形状端正、制作精细的生产工具。在此基础之上，人类逐渐掌握了制作皮革以及纺织棉、麻、毛和编织等技能，标志着人类对纤维原料的使用由此开始。

在欧洲及北美洲的畜牧区，人们发明了纺织羊毛的方法；在印度，人们开始从野生棉桃中制出棉纱；在中国，人们发明了从野生蚕茧里提取丝线。目前在世界各地都发现了不同时期遗留下来的亚麻残片、毛织物残片。

从几百万年前到四千年前，这一漫长的原始社会时期，人类从裸体生活，经历了兽皮叶草制作服装，到利用植物纤维和动物牙骨来编织缝纫服装。伴随着服装形成的漫长历程，人类也从野蛮蒙昧逐渐走入了文明时代。

■ 特别提示

服装的形成过程，复杂而漫长。看似服装材料的丰富创造了服装的演变发展，实则是服装的演变反映了人类社会政治变革、经济变化和生产力的发展。

三、学习拓展

服装的形成和发展是一个动态过程，从历史的眼光观察，服装出现的每一个变化都受到自然、社会和人类本身三个方面的影响。同时，服装的发展也是有一定规律的。通过系统地学习找到这种规律，就能正确地认识服装发展的起源与本质，进而也能科学地预测未来服装的发展趋势。

思考题

（1）如何理解"服装"和"服饰"的概念？它们都包含哪些内容？

（2）什么是"时装"和"成衣"？"高级时装"和"高级成衣"有什么关系？试列举几个高级时装品牌，并说明其特点。

（3）服装具有哪些属性？其基本属性是什么？

（4）简述服装起源的几种学说。

（5）人类服装的形成过程分为几个阶段？请举例说明。

单元二

服装发展概述与服饰文化

单元名称： 服装发展概述与服饰文化

单元内容： 围绕中西方服装发展概况，介绍各个历史时期服装特点和文化传承；通过中西方服饰特色和穿着观念比较，加深学生对世界服装文化的认识。本单元为专业学习打下一定理论基础，同时为设计实践提供服装造型、色彩等方面的借鉴和素材积累。

教学时间： 4课时

教学目的： 了解中西方各个历史时期服饰特征和发展变迁，提高艺术修养和审美水平，丰富专业知识。

教学方式： 理论+任务

课前课后准备： 课前互联网查找各个历史时期服饰图片，理解其服饰特征，课后拓展阅读相关专业书籍。

单元二　服装发展概述与服饰文化

任务一　中国服装发展与变迁

任务描述

了解中国各历史时期主要服饰史识。掌握各历史时期各个区域的服装特点、风格、工艺及演变发展的过程，了解服装历史与现状，开阔视野、积累知识，能正确处理继承与创新的关系，提高审美眼光和设计思想水平。

能力目标

（1）能识别各历史时期服饰，能确定朝代，避免张冠李戴。

（2）能加强艺术修养，提高审美水平，丰富专业知识。

知识目标

（1）了解中国各个重要历史时期服饰史识。

（2）熟悉中国各朝代的服饰变化特征，总体把握中国服饰的风格。

学习任务1　秦汉时期服饰

一、任务书

判断表2-1中人物服饰为哪个朝代、哪种服装，并填入表中。

表2-1　人物服饰

1. **能力目标**

（1）能识别秦汉时期服饰特征，熟悉史实。

（2）能拓宽视野，提高审美水平，丰富专业知识。

2. **知识目标**

（1）通过秦汉时期历史背景介绍，分析此时期的服饰特点，使学生对秦汉时期服饰有综观的印象。

（2）掌握秦汉时期服饰历史知识。

二、知识链接

（一）秦汉时期历史背景

（1）公元前221年，秦灭六国，建立起我国历史上第一个统一的多民族封建国家。

（2）秦国——西汉——东汉的演变过程。

（3）汉武帝时，开辟了一条沟通中原与中亚、西亚文化、经济的大道——丝绸之路。

（二）秦汉时期主要服饰

1. **男子袍服与冠履**

（1）袍有以下几种类型：①曲裾袍：承战国深衣式，西汉早期多见。②直裾袍：西汉时出现，东汉时盛行。③裤：为袍服之内下身所服，早期无裆。④禅衣：为仕宦常服。

■ **特别提示**

素纱禅衣是马王堆汉墓发掘出的实物中最为罕见的一件，衣长128cm，两袖通长190cm，全部重量只有48g。

（2）冠有以下几种类型：①冕冠：俗称"平天冠"（图2-1）。②长冠：俗称"高祖冠"或"刘氏冠"（图2-2）。③武冠：原为胡人装束，后延至唐宋，一直为武将所用（图2-3）。④法冠：也叫獬豸冠（图2-4）。⑤梁冠：也叫进贤冠（图2-5）。

图2-1　通天冠（冕冠）

图2-2　长冠

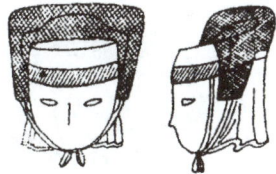

图2-3　武冠

图2-4　法冠

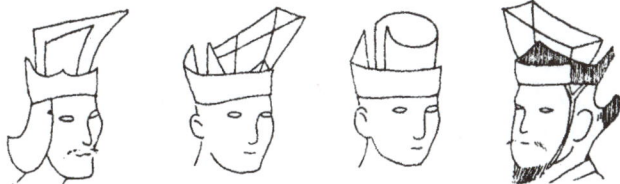

图2-5　梁冠

（3）男子巾主要有两种，葛巾和缣巾。

（4）履有以下几种类型：①舄：为绸面木底，配祭服穿用，厚底（图2-6）。②履：配以礼服穿用，如配朝服穿（图2-7）。③屦：夏用葛、冬用皮制，为居家常服的薄底便鞋（图2-8）。④屐：出门行路用，是一种木底鞋（图2-9）。

图2-6　舄

图2-7　丝履

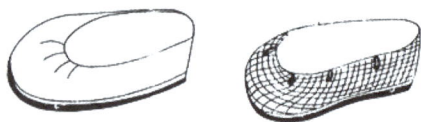

图2-8　屦

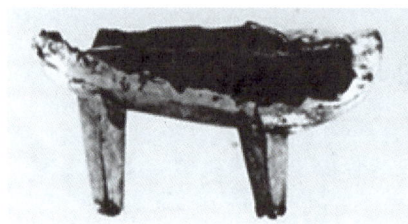

图2-9　屐

图2-10　穿三重领深衣的女子（河北满城一号汉墓出土长信宫灯）

2. 女子深衣、襦裙与佩饰

（1）深衣：秦汉妇女礼服，仍承古仪，以深衣为尚。《后汉书》记：贵妇入庙助蚕之服"皆深衣制"，但衣襟层数在原有基础上又有所增加，下摆部分肥大，腰身裹得很紧，衣襟角处缝一根绸带系在腰或臀部（图2-10）。

曲裾深衣是汉代女服中最为常见的一种服式，衣领部分很有特色，通常用交领，领口很低，以便露出里衣（图2-11）。

（2）襦裙：汉代妇女仍沿用战国时的襦裙配套穿着的习惯。襦裙一直是中国古代妇女的主要装束（图2-12）。

（3）发式：据迄今为止的文物史料所表明，秦汉时期大多流行平髻，日常生活中，髻上不梳裹加饰，以顶发向左右平分式较为普遍。高髻只是见诸于少数贵族女子的一种发式。秦有望仙九鬟髻、凌云髻、垂云髻等。汉有坠马髻、盘桓髻、分髾髻、百合髻等。与此同时，这一时期的发式妆饰也已日趋流行（图2-13）。

3. 军事服装

秦汉军服有两种基本类型：

（1）护甲由整体皮革制成，上嵌金属片或犀皮，四周留阔边，为官员所服（图2-14）。

图2-11 穿曲裾深衣的女子

图2-12 襦裙

图2-13 簪花的女子

（2）护甲由甲片编缀而成，从上套下，再用带或钩扣住，里面衬战袍，为低级将领和普通士兵所服（图2-15）。

图2-14 秦代将官铠甲

图2-15 秦代兵士铠甲

（3）发式：秦代军官戴冠，士兵不戴冠。秦代兵俑的头饰大致分四类。一类文吏帻，有两种：一种为骑兵俑、军吏俑所戴，似用皮革制成，照于发髻用带系于颌下；另一种为将军头上所戴帻上插有一种鸟的羽毛，也称帻。第二类是冠，为骑兵所戴。这种冠在俑群中数量很少，形象与汉代的武冠很接近。只是体积较小。第三种从形象上看，应该称为帽。第四类是髻，髻的梳法很多（图2-16）。

图2-16 秦代将士的发式

4. 秦汉时期纺织品图案及服装色彩

秦汉妇女的服装款式是典型的西域民族样式，但质料和纹样有汉族特点，织有吉祥如意的汉字。秦汉服饰的色彩有茶色、绛红、灰、朱、黄棕、棕、浅黄、青、绿、白等。花纹的制作技术有织、绣、绘。纹样有各种动物、云纹、卷草及几何纹等（图2-17、图2-18）。

图2-17 汉代"乘云绣"黄绮

图2-18 汉代万事如意纹锦

三、学习拓展

秦汉时期各阶层服饰与配套

汉代男子贵贱通用的基本首服是巾帻。巾帻主要有介帻和平巾帻，但具体式样和颜色依据人的身份、地位、职业、年龄的不同而有区别。如皇帝和各级别的官员的巾帻随其服色，文官和武官的巾帻也有所不同，文官主要戴介帻，武官则戴平巾帻。群吏和仆役要戴绿帻，武吏则戴赤帻，未成年的小童戴无屋帻等。

冠帽只有官员才能使用，通常是戴在巾帻之上。冠帽主要有冕冠、长冠、委貌冠、皮弁冠、爵弁冠、通天冠、远游冠、高山冠、进贤冠、法冠、武冠、建华冠、方山冠、巧士冠、却非冠、却敌冠、卫士冠等。其中除长冠外，大多出于周礼。这些冠各有不同的使用场合，如冕冠、长冠，委貌冠、皮弁冠分别为行郊社祭祀之礼时使用的；通天冠为朝服；远游冠为诸忘之服；进贤冠为儒者之服；却非冠为宫殿门吏仆射之服；却敌冠为卫士之服；爵弁冠和建华冠为舞乐人祭祀之服。

袍服是汉代一般人的常服。式样主要有两种：一种为直裾袍服；另一种沿用战国时的曲裾式。曲裾式袍服无扣，衣襟从腋部向后旋绕，腰间束丝带。衣服宽博，大袖。领和袖初有皂色缘边。直裾式的袍服从西汉后期流行。两种式样，男女皆通用。

汉代重农轻商，规定商人不得着锦绣等织物，只能着葛麻织物。

汉代男女鞋的样式没有严格区别。男子多为方头，女子多为圆头。在日常生活中贵族着丝履，可不随衣。北方因天气寒冷，多穿皮，而南方气温高、湿润，多着草鞋。袜在汉代称之为角袜，袜高一尺余。由于头上的首饰太多，非真发所能承受，故用假髻，汉代称之为"大手髻"。

贵族女子常用襦裙。此外还有挂袍，也是宴居之服，为斜裁的袍服，将上阔下狭之斜幅垂于衣旁成为装饰。

劳动妇女的衣着通常比较简单，无首饰，为劳动方便，常是短衣长裤。一般女子的发型多为露髻，不加饰。头发中分，平梳，向后做绾，垂髻于脑后，贵族女子则好高髻。

汉代女子已有面部化妆，除浓妆淡抹外，还有奇妆。如东汉恒帝时，大将军梁翼之妻韩寿，自创一种悲啼妆，细八字眉，梳堕马髻，自行折腰步，露齿笑，世谓之愁眉泣妆，与流行的宽眉高髻相逆。

学习任务2　隋唐时期服饰

一、任务书

判断表2-2中人物服饰为哪个时期、哪种服装，有哪些特征，并填入表中。

表2-2　人物服饰

1. 能力目标

（1）能识别隋唐时期服饰特征，熟悉史实。

（2）能拓宽视野，提高审美水平，丰富专业知识。

2. **知识目标**

（1）通过隋唐时期历史背景介绍，来分析此时期的服饰特点，使学生对隋唐时期服饰有综观的印象。

（2）掌握隋唐时期服饰历史知识。

二、知识链接

（一）隋唐时期历史背景

隋朝尽管历时较短，但它却在经济、文化及服饰上都为大唐帝国奠定了一定的基础。

唐代承袭了先前历代的冠服制度，同时，又通过丝绸之路与和平政策与异族同胞及异域他国交往日密，博采众族之长，成为服饰史上百花争艳的时代。其辉煌的服饰盛况是中国服饰史上的耀眼明珠，在世界服饰史上有举足轻重的地位。

图2-19 圆领袍衫

（二）男子服饰

1. **圆领袍衫**

圆领袍衫又被称为团领袍衫（图2-19）。

2. **幞头**

幞头，是这一时期男子最为普遍的首服（图2-20）。

3. **乌皮靴**

黑色皮革做成的靴，脚尖翘起（图2-21）。

图2-20 戴幞头、穿圆领袍衫的官吏
（唐人《游骑图卷》局部）

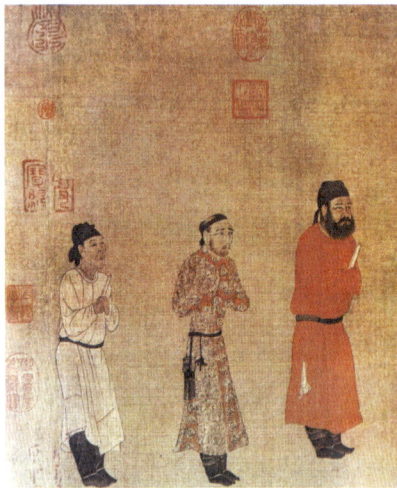

图2-21 《步辇图》中穿乌皮靴的
汉臣与胡臣

（三）女子服饰

隋唐时期的女子服饰，是中国服装史中最为精彩的篇章，其冠服之丰美华丽，妆饰之奇异纷繁，都令人目不暇接。大唐三百余年中的女子服饰形象，主要有襦裙服、男装、胡服三种。

1. 襦裙服

短襦长裙是隋代女服的基本形式。它的一个主要特点是裙腰系得较高，给人一种俏丽修长的感觉，分襦、衫、裙、半臂与披帛（图2-22）。

■ **特别提示**

半臂是由短襦演变出来的一种服式，一般都用对襟，穿时在胸前结带（图2-23）。

2. 发式与面靥

唐代女子的发式以发髻为主，或挽于头顶，或结于脑后，形式十分丰富（图2-24、图2-25）。名目有半翻髻、云髻、盘桓髻、惊鹄髻、倭堕髻、双环望仙髻、乌蛮髻、回鹘髻等数十种。初唐时发髻简单，多较低平；盛唐以后流行高髻，髻式纷繁，发上饰品有簪、钗、步摇、钿、花等，工艺精美。图2-26中所画的女子，云鬓蓬松，上戴硕大的折枝花朵，并簪上步摇钗，衣着轻薄的花纱外衣，另佩轻纱彩绘的披帛，内衣半露，上有大撮晕缬团花。

图2-22 穿短襦、长裙、披帛的妇女
（唐张萱《捣练图》局部）

图2-23 半臂

图2-24 加钗梳高髻

图2-25 插梳高髻

图2-26 "黛眉妆"妇女

唐五代面妆，以浓艳的红妆为主流，许多贵妇甚至将整个面颊，包括上眼睑乃至半个耳朵都敷以胭脂。从隋唐时期开始，妆面比较繁复，形式多种多样，除了面白，腮红，唇朱之外；还有花钿、面靥、斜红等修饰。

3. 女着男装

唐代女着男装的风气最早在宫廷之中流行，至开元天宝年间，盛行天下，这种上行下效的装束，成为唐代女装的一大特点，即穿圆领袍衫，戴幞头，穿乌皮靴（图2-27）。

图2-27 戴幞头、穿圆领袍衫的妇
女（张萱《虢国夫人游春图》）

4. 女着胡服

受胡舞（胡旋舞、浑脱舞、柘枝舞）的影响，女穿胡服成为唐代女装的又一大特点。胡服流行于开元、天宝年间，其主要特征是翻领、对襟、窄袖、锦边（图2-28、图2-29）。

（四）军事服装

军事服装的形制，在秦汉时已经成熟，经魏晋南北朝连年战火的熔炼，至唐代更加完备（图2-30）。

图2-28 穿着翻领胡服
的唐代女彩俑

图2-29 1952年陕西省咸阳边
防村出土的唐代胡服女彩俑

图2-30 穿铠甲的武士俑

学习任务3 明代主要服饰

一、任务书

判断表2-3中人物服饰为哪个时期、哪种服装，并填入表中。

表2-3 人物服饰

1. 能力目标

（1）能识别明代主要服饰特征，熟悉史实。

（2）能拓宽视野，提高审美水平，丰富专业知识。

2. 知识目标

（1）通过明代历史背景介绍，来分析此时期的服饰特点，使学生对明代服饰有综观的印象。

（2）掌握明代时期服饰历史知识。

二、知识链接

（一）明代历史背景

公元1368年，明太祖朱元璋建立明王朝，在政治上进一步加强中央集权专制，对中央和地方封建官僚机构进行了一系列改革，对整顿和恢复汉族人的习俗十分重视，上采周汉，下取唐宋，对服装制度作了新的规定，元代的服饰制度已基本废除。

（二）明代男子的服饰

1. 官服

（1）祭服：皇帝亲祀郊庙、社稷，文武官分献陪祭穿祭服（图2-31）（分献，指古代祭祀，向配飨者行献爵献帛礼。而配飨者是合祭先灵者的意思）。

（2）朝服：朝服之制，文武官员凡遇大祀、庆成、冬至等重要礼节，不论职位高低，都戴梁冠，穿赤罗衣裳。以冠上梁数及所戴佩绶分别等级（图2-32、图2-33）。

青罗衣

青罗裳

图2-31 明代祭服

图2-32 戴乌纱幞头、穿织锦蟒袍的官吏

图2-33 戴展角幞头、穿织金蟒袍、系白玉腰带的官吏

（3）常服：洪武二十四年，规定职官常服用补子，文官绣禽，武官绣兽以示等级，似源于武则天以袍纹定品级之始（图2-34、图2-35）。

2. 民服

明代一般男子服式主要有：直身、罩甲、襕衫、裤衫、裤褶、曳撒等，多承袭前代，仅在色泽、长短上有所变化。而作为明代男子主要首服的巾帽，则有很大发展，特点突出（图2-36、图2-37）。

图2-34 皇帝常服

图2-35 戴乌纱折上巾、穿绣龙袍的皇帝（《明太祖坐像》）

图2-36 五蝠捧寿纹大襟袍

图2-37 明代盘领大袖衫

（三）女子冠服与便服

1. 冠服

大凡皇后、皇妃、命妇，皆有冠服，一般为真红色的大袖衫、深青色的褙子、加彩绣帔子、珠玉金凤冠、金绣花纹履（图2-38）。

2. 便服

命妇与平民女子的服饰，主要有衫、袄、帔子、褙子、比甲、裙子等。普通女子服饰多以紫花粗布为衣，不许金绣（图2-39）。

图2-38 明太宗孝文皇后像

图2-39 褙子

学习任务4　清代主要服饰

一、任务书

判断表2-4中人物服饰为哪个时期、哪种服装，有何特征，并填入表中。

表2-4　人物服饰

1. 能力目标

（1）能识别清代主要服饰特征，熟悉史实。

（2）能拓宽视野，提高审美水平，丰富专业知识。

2. 知识目标

（1）通过清朝历史背景介绍，来分析此时期的服饰特点，使学生对清代主要服饰有综观的印象。

（2）掌握清代时期服饰历史知识。

二、知识链接

（一）清朝历史背景

清朝从公元1616～1911年，共295年的历史，历经12个皇帝。清朝是满族入主中原建立的王权。满族原是尚武的游牧民族，在戎马生涯中形成了自己的生活方式，冠服形制与汉人的服装大异其趣。

（二）清朝男子服饰

清代在服饰制度上坚守其满族旧制。

清代男子以袍、褂、袄、衫、裤为主，一律改宽衣大袖而为窄袖筒身。衣襟以纽扣系之，代替了汉族惯用的绸带。领口变化较多，但无领子，高层人士再另加领衣。男子官服在完全满化的服装上沿用了汉族冕服中的十二章纹饰。

清代男子服饰分阶层观之，主要为以下三种：

官员：头戴暖帽或凉帽，有花翎、朝珠，身穿褂、补服、长裤，脚着靴。

士庶：头戴瓜皮帽，身着长袍、马褂，掩腰长裤，腰束带，挂钱袋、扇套、小刀、香荷包、眼镜盒等，脚着白布袜、黑布鞋。

图2-40 穿箭衣、补服、
佩披领、挂朝珠、戴暖
帽、蹬朝靴的官吏（清人
《关天培写真像》）

体力劳动者：头戴毡帽或斗笠，着短衣，长裤，扎裤脚，罩马甲，或加套裤，下着布鞋或蓬草鞋。

■ **特别提示**

袍、袄：因游牧民族惯骑马，因此袍、袄多开衩，后有规定皇族用四衩，平民不开衩。

补服：形如袍，略短、对襟、袖端平，是清代官服中最重要的一种，穿用场合很多（图2-40）。

行褂：是指一种长不过腰、袖仅掩肘的短衣，俗呼"马褂"。

马甲：为无袖短衣，也称"背心"或"坎肩"，男女均服，清初时多穿于内，晚清时讲究穿在外面。

清代服式一般没有领子，所以穿礼服时需加一硬领，为领衣。另一种为披领。

披领：加于颈项而披之于肩背，形似菱角。

清朝男子已不着裙，而普遍穿裤，中原一带男子穿宽裤腰长裤，系腿带。

清朝男子官服的首服，夏季有凉帽（图2-41），冬季有暖帽（图2-42）。常用配饰有朝珠、腰带、鞋。公服着靴（图2-43），便服着鞋，有云头、双梁、扁头等式样。另有一种快靴，底厚筒短，便于出门时跋山涉水。

图2-41 凉帽

图2-42 暖帽

图2-43 朝靴

朝珠：这是高级官员区分等级的一种标志，进而形成高贵的装饰品。

腰带：富者腰带上嵌各种宝石，有带钩和环，环左右各两个，用以系帨、刀、觿、荷包等。

（三）趋于融合的满汉女子服装

汉族女子清初的服饰基本上与明代末年相同，后来在与满族女子的长期接触之中，不断演变，终于形成清代女子服饰特色。

汉女平时穿袄裙、披风等。上衣由内到外为：兜肚（图2-44）—贴身小袄—大袄（图2-45）—坎肩（图2-46）—披风。下裳以长裙为主，多系在长衣之内。

镶绲彩绣是清代女子衣服装饰的一大特色（图2-47）。当时普遍佩用云肩的装饰，云肩形似如意，披在肩上（图2-48）。

图2-44　兜肚

图2-45　低领镶绲大袄

图2-46　霞帔

图2-47　镶绲彩绣

图2-48　云肩

清朝女子鞋式旗汉各异。旗女天足，着木底鞋，底高一二寸或四五寸，高跟装在鞋底中心，形似花盆者为"花盆底"，形似马蹄者为"马蹄底"，一说为掩其天足，一说为增加身高，实际上体现出一族之风（图2-49）。汉女缠足，多着木底弓鞋（图2-50），鞋面均多刺绣、镶珠宝。南方女子着木屐。

图2-49　高底旗鞋

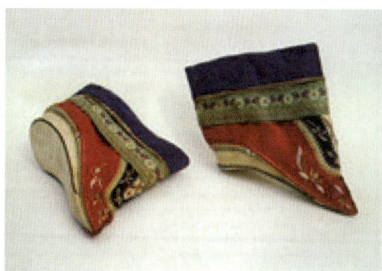

图2-50　木底弓鞋

三、学习拓展

文武官补子

封建王朝的衣冠之治集中体现在官服上，这在清代又称补服，就是在褂子的前胸后背各缀一块布称为补子，绣上不同的飞禽走兽，以表示官职的差别和道德含义，"补子"的图案根据官员级别不同是不一样的。

1. **文官补子**（图2-51、图2-52）

图2-51 清道光青缎五彩绣
仙鹤纹一品方补

图2-52 清道光缂丝五彩锦
鸡纹二品方补

2. **武官补子**（图2-53、图2-54）

图2-53 清代武一品麒麟纹补子

图2-54 清代武二品狮纹补子

任务二 西方服装发展概述

任务描述

了解西方各历史时期主要服饰史识。掌握各时期各区域的服装特点、风格、工艺及演变发展的过程，了解服装的历史与现状，开阔视野、积累知识，能正确处理继承与创新的关系，提高审美眼光和设计思想水平。

能力目标

（1）能识别各时期服饰特征和风格。

（2）能加强艺术修养，提高审美水平，丰富专业知识。

知识目标

（1）了解西方各国各个重要历史时期的服饰特征和发展变迁。

（2）掌握各时期服饰历史知识。

学习任务1　文艺复兴时期服饰

一、任务书

判断表2-5中人物服饰为哪个时期、哪种服装，并填入表中。

表2-5　人物服饰

1. 能力目标

（1）能识别文艺复兴时期服饰特征，熟悉史实。

（2）能拓宽视野，提高审美水平，丰富专业知识。

2. 知识目标

（1）通过对文艺复兴时期历史背景介绍，来分析此时期的服饰特点，使学生对文艺复兴时期服饰有综观的印象。

（2）掌握文艺复兴时期服饰历史知识。

二、知识链接

文艺复兴开始于意大利，这一文化运动于15世纪后半期扩及欧洲许多国家，16世纪达到高潮。随着禁欲主义的衰落，人文主义又复兴了，在服饰上体现为：男子服饰强调上体的宽大魁伟和下体的瘦劲，构成箱形造型；女子服饰强调细腰丰臀，形成倒扣的钟式造型，同时出现了宽大的袒胸低领口，并不再羞羞答答用饰布遮住（图2-55）。

由于文艺复兴运动经历了一个多世纪，它对服装的影响也在不同时期和不同国家存在不同的表现，通常划分为三个阶段。

图2-55 文艺复兴时期服装

图2-56 文艺复兴早期意大利人的服装

（一）意大利风格时期

意大利是欧洲文艺复兴的策源地与中心，其国家的手工业尤其是毛纺织生产十分兴旺。新生产力和新兴资本主义生产关系的产生发展，促进了社会经济的繁荣和都市生活的富庶。在此经济基础上，文艺复兴新思潮活跃在社会各领域，宣扬人生价值和人性自由解放，大肆鼓吹现世的享乐和现实的幸福，追求美饰美物、追求奢华富有的风气日益昌炽。应运而生的意大利花样丝绒，以其高雅的质感和高昂的价格被视作富贵和奢侈的象征，而受到社会特别是贵族和富有者的狂热青睐，成为许多重要人物的服饰穿戴。文艺复兴早期意大利人的服装样式多为一种宽松系带外衣，长及小腿肚，袖口肥大，袖筒像个袋子，衣领略低（图2-56）。

在15世纪末叶的意大利，传统紧身长衣又一度流行，并在年轻人那里将衣身逐步缩短，有些几乎与裤子相接。意大利的妇女不仅讲究豪华，而且讲究高雅（图2-57）。

图2-57 文艺复兴时期意大利男女服装

意大利风格时期服饰特点为：内衣部分地从外衣缝隙处露出，与表面华美的织锦布料形成对比，进一步衬托出美丽的布料。男装普尔波安：工艺和服装结构有三大显著特点：一是绗缝，用倒针法；二是前开；三是改变了中世纪袍服的裁剪方式。分体式女袍：外观似上下相连，腰部有接缝。

（二）德意志风格时期

德国是受意大利影响最早的国家，但经过宗教改革和农民战争，人文主义的影响削弱了，出现了德国本土的服装形式。德意志式时期特点：切口服装、用裘皮作为衣领或服装缘边的装饰。切口服装也叫雇佣军风格，原意是用刀、剑等乱砍、劈刺、割伤等，引申为切口、裂缝、开衩，或开缝于衣服上的装饰（图2-58）。

（三）西班牙风格时期

西班牙风格时期，西班牙以掠夺殖民地财富而暴富，贵族们沉溺于高贵的消费之中，忽视人的生理条件，专制地把服装变成表现怪异思想的工具（图2-59）。西班牙时期特点：追求极端的奇特造型和夸张的表现，缝制技术高超。皱领开始流行，常见的有：闭口式轮状、敞口式立领和披肩式。紧身胸衣：鲸须胸衣，布纳胸衣。撑裙：吊钟式箍撑裙，坏轮形箍撑裙。袖子造型根据填料不同可分为：泡泡袖，羊腿袖，悍妇袖。

■ **特别提示**

裙撑起源于西班牙，开始时是用木条或藤条一类易弯曲带弹性的物品做成。它们最初附在裙衣外面，16世纪时转为附在裙衣里面（图2-60）。

图2-58　文艺复兴时期带切口的戎装

图2-59　西班牙贵族男子的着装

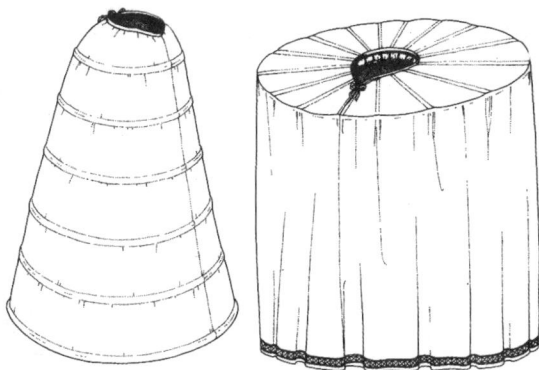

图2-60　文艺复兴时期西班牙木质裙撑

三、学习拓展

文艺复兴时期服装造型及其表现手法

1. 切口装饰也称"镂空"

切口意为裂口、剪口或开缝。切口装饰指的是盛行于16世纪男女服装上的一种装饰手法，它在外衣上剪开许多切口，以露出里面不同的内衣或衬料，形成对比、互相映衬，达到表现奢华与新奇的装饰效果（图2-61）。

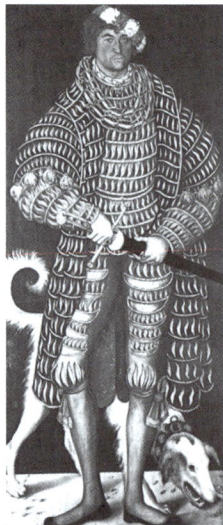

切口装饰开始时仅在肩、肘、胸等部位，后来发展到几乎全身都有切口，甚至帽子和鞋上都有。除了剪出口子、衬以不同衣料外，还发展成在切口处拉出内衣，形成膨凸的效果。更有甚者在服装上切出图案形口子，有规律的排列，或平行、或斜排、或交错，组成立体感的花纹，富豪们则在切口的两端缀饰珠宝，满身珠光宝气，奢华炫目。

■ **特别提示**

切口装饰源于欧洲雇佣军的服装，衣服往往在收紧的地方被剪开，再用另一种颜色的布，通常是丝绸，缝在裂缝的下方。当穿着者走动的时候，这块丝绸就会迎风飘扬，发出瑟瑟的声音，"补丁"越大，它从外衣下扬起得越高，这种"撕裂的衣服"很快便在欧洲各国贵族中流行起来，开辟了从下层阶级到上流社会服装传播的途径。

图2-61　文艺复兴时期满是切口的男子服装

2. 领部装饰

领部的装饰在这一时期出现极大的变化，原来附属于衣身的领子独立出来，成为这一时期男女服装装饰的重要元素（图2-62）。16～17世纪流行一种称作拉夫的领饰，它呈车轮状造型，周边是8字型连续的褶襞，外口边缘处用花边和雕绣为饰（图2-63）。

图2-62　以拉夫领为装饰的男子服饰

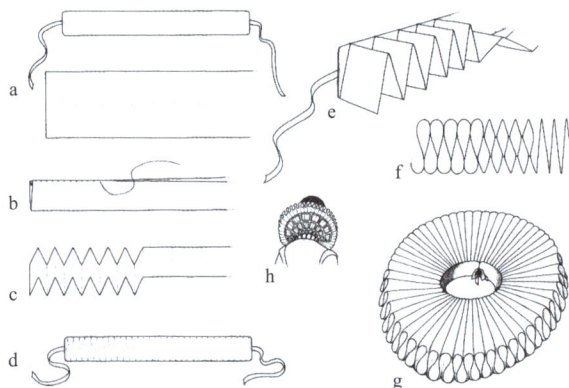

图2-63　拉夫领结构示意图

不仅领型使用皱褶形式，服装上也非常时兴皱褶（图2-64）。

3. 填充装饰

在男装的肩部、胸部和短裤内用填充物垫起，造成肩部平起，胸部饱满，臀围方正的视觉效果，远看如同一个方形的箱子在行走，故戏之为方箱形。这种造型突出男子的上身宽阔，下身挺拔。与之相呼应的是女装中的裙子膨大化。这种服装造型的上下对比和男女服装的错位对比，是以体积来表现的，与切口装饰以色彩质地的对比不同，它把近距离的美学效果延伸了，从老远就能识别男女服装的造型之美。也有两者结合起来，在填充服装外再施以切口装饰，这一造型手法在西班牙男装中最为突出。

填充造型在袖子上也广泛使用（图2-65），女子服装中的填料袖子最有特色。根据填充后的不同造型，可分为三类，即泡泡袖、羊腿袖和藕节袖。顾名思义，这类袖子的膨大形式各有不同，或是袖山鼓起，或是袖筒肥大至袖口收紧，或是袖筒间隔地系上缎带，形如藕节。

图2-64 荷尔拜因
《亨利八世像》

男子外短裤填充成南瓜形，长不过膝。下穿紧身裤或连裤袜，并在色彩上有反差。这种填充也可以使用于腹部，使之凸起形成"鹅腹"。"鹅腹"是亨利三世为男人们发明的（图2-66）。

图2-65 穿肩部有填充物服装的男子

图2-66 以拉夫领、切口装、南瓜裤组成的男子戎装

4. 紧身衣具

这一时期，女装造型的重要特色，就是通过服饰的穿着来改变身体形态，尤其是胸、腰、腹线条。其中一个主要的工具就是紧身衣具（图2-67），它包括紧身胸衣和束腹两个部件。

紧身胸衣有硬制和软制两种，硬制胸衣用金属丝或鲸须制作，按照着衣女子的体型先做成四片框架，在连接处安上扣钩和合页。软制胸衣用布制成，中间加薄衬来增厚，在前、后、侧的主要部分嵌入鲸须，以增加强度，前下端的尖端则用硬木或金属做成，后面开口处用绳带收紧。

5. 裙撑

文艺复兴盛期的女子服装中最有特色的就是广泛流行的撑箍裙。它由西班牙传至英国，从此名声大振，一直延续了近四个世纪。这个时期发明的裙撑多使用鲸须或铁丝制作，将女人的下身凸显得更加浑圆丰满，呈A字型（图2-68）。

图2-67 内穿紧身衣的女孩画像

图2-68 16世纪内穿紧身衣、撑箍裙的王后画像

学习任务2 巴洛克时期服饰

一、任务书

判断表2-6中人物服饰为哪个时期、哪种服装，并填入表中。

表2-6 人物服饰

1. **能力目标**

（1）能识别巴洛克时期服饰特征，熟悉史实。

（2）能拓宽视野，提高审美水平，丰富专业知识。

2. **知识目标**

（1）通过对巴洛克时期历史背景介绍，来分析此时期的服饰特点，使学生对巴洛克时期服饰有综观的印象。

（2）掌握巴洛克时期服饰历史知识。

二、知识链接

巴洛克（baroque）一词源于葡萄牙语barroco，本意是有瑕疵的珍珠，引申为畸形的、不合常规的事物，在艺术史上却代表一种风格。这种风格的特点是气势雄伟，有动态感，注重光影效果，营造紧张气氛，表现各种强烈的感情。巴洛克艺术追求强烈的感官刺激，在形式上表现出怪异与荒诞，豪华与矫饰。在音乐、雕刻、绘画与服饰上都以华美的色彩和众多的曲线增加世俗感和人情味，一反以前灰暗而直板的艺术风格，把关注的目光从人体移到人与自然的联系上。巴洛克艺术改变了文艺复兴时期的艺术形式和表现手法，很快形成17世纪的风尚。在服装史上，把17世纪初到18世纪初这一个世纪间服装文化的奇异变迁称作"巴洛克时期"。

巴洛克时期服装上最大的特色是强调繁多的服饰，大量使用华丽的纽扣、缠绕的丝带和蝴蝶结，花纹围绕的边饰鞋、手套、手袋、领带、领结，各种新鲜时尚纷至沓来，烘托出巴洛克时期的繁荣与精致。

巴洛克服饰的发展经历了两个阶段，即荷兰风时代和法国风时代。

（一）荷兰风时代服饰

1. 时代背景

16世纪末，荷兰共和国诞生后，工业、经济迅速发展。17世纪，荷兰的呢绒业、麻织业、瓷器业、造船业和渔业十分发达，在国际上享有盛誉。先后成立的东印度公司和西印度公司，使荷兰的经济达到顶点。在这样的背景下，荷兰的服饰也得到了空前的发展，它把自由活跃的设计风格传遍欧洲。

荷兰风样式的服饰把西班牙风格时期分解的衣服部件组合起来，从僵硬向柔和、从锐角向钝角发展。荷兰风时代也被称为"三L"时代——即蕾丝、皮革、长发。

2. 特征

荷兰时期特征主要在领子（图2-69），这种领子叫作拉巴领（Rabat）；外衣特征是具有繁多装饰性强的排扣；同时裤子延长到（相对于文艺复兴时期来说）膝盖，大腿处紧绷，下面是长裤。还有一种叫作靴袜的袜子，是穿在靴子和袜子之间的一种袜子，穿靴子的时候把靴子上部翻过来，露出里面的衬子和靴袜的花边（图2-70）。

■ 特别提示

1640年出现了长及腿肚子的筒形长裤，这是西洋服装史上首次出现的长裤，一般有边饰。

3. 女子服饰

这个时期女子着装摆脱了过于人为夸张的特点，丢弃了宽大的裙撑，腰线上移，收腰不十分明显，使女子外形变得平缓、柔和和圆浑。上衣有的是齐脖子的花边大领，有的完全坦露到胸口。袖子仍是女装造型的重点，上大下小一节节地箍起来，或宽袖或半袖，袖的上半截常有裂口装饰，而下半截多为一层层的装饰花边，袖口处露出里面的白色衬衣（图2-71）。

图2-69　荷兰风时期领子

图2-70　荷兰风时期袜子

图2-71　荷兰风时期女子服饰

4. 男子服饰

这个时候时兴马甲，短小，有点像西装背心，突出内衣——被大量丝带重重捆扎的内衣。一件男内衣需要100多米长的缎带装饰（图2-72）。

这一时期的男装极重视细部的装饰，如在上衣门襟和扣眼处用金绳子装饰，天鹅绒或织锦面料上衣中用金银丝刺绣十分华贵炫目。扣子用料有金、银、珠宝，成为纯粹的饰品。金银丝织物被禁之后，缎带装饰盛行开来，成为服装的重要装饰之一（图2-73）。

荷兰风时期出现的外套，开始没有领子，后来出现大领。从上到下有密密麻麻的排扣，装饰极为华丽。外套的扣子只扣上边几个，下面全是摆设用。后来还在下摆加了衬垫，使其向外翘起。这个时期流行灯笼裤，也是到膝盖扣住，下面是紧身长袜。鞋子一般是方头，鞋

图2-72 荷兰风时期男子服饰

跟很高，鞋上常常装饰花朵或者缎带，巴洛克晚期的时候出现了鞋扣代替装饰。

另外，该时期领带、假发的运用更使男装女性化变得明显。

（二）法国风时代服饰

1. 时代背景

17世纪中叶，荷兰渐渐失去了欧洲商业中心的地位，取而代之的是在波旁王朝专制统治下兴盛起来的法国。法国在30年战争期间获得了更多的休整机会，经济更加繁荣，服装业也在17世纪后半叶取得了欧洲领先地位。路易十四亲政后，法国在政治、经济、军事上取得了长足发展。同时，路易十四大兴土木修造凡尔赛宫，鼓励艺术创作。他指导人们如何吃、穿、住，巴黎最新时装每月从巴黎运往各大城市，发挥着传播时尚信息的作用，使法国成为新的世界中心，巴黎成为欧洲乃至世界时装的发源地。

图2-73 荷兰风时期男子服饰服装

2. 特征

上衣流行紧身胸衣，外面套无袖短外衣，腰部呈V字型收紧。法国时期开始把领口挖深加宽，几乎露出胸部以上全部空间。

路易十四时期，也就是巴洛克风格最盛行的时期，服装多用华丽的大团花饰和果实图案，路易十五时期是过渡时期，图案较小。而路易十六时期已经转到了洛可可时期，时兴的花纹都是小碎花。

3. 女子服饰

法国风格女装的特点是大量褶皱和花边。领口边缘用花边镶嵌，或是系一小段丝绸打上花结。衬衫肥大，袖子有长有短，都镶着大量花边，有时候袖子做成很多段，每段都镶嵌花边，非常华丽（图2-74）。

图2-74 法国风时期服装

女装的典型穿法为带羽毛装饰的大帽子，高领花边和臃肿的裙子（图2-75）。

裙子仍然时兴蓬松的，不过不是用支架撑起来，而是用多穿裙子的方法。因为在腰间打褶所以显得膨大。最外层的裙子从腰开叉向外翻，和里面的衬裙用不同颜色和面料产生漂亮的对照，有时还用花结或是扣子系起来，好像窗帘那样。外裙一般颜色比衬裙深，衬裙有大量刺绣图案（图2-76）。

图2-75 法国风时期典型穿法

图2-76 法国风时期裙子

■ 特别提示

女服领口很大，裙子重叠穿用，外侧的裙子在腰围处取很多褶，垂至地面，臀部使用臀垫膨大化，这种夸张臀部的样式称为"巴斯尔样式"。

4. 男子服饰

男装最大的特点就是大袖子花边了，带马刺的靴子也成了时髦，还有羽毛大帽子和佩剑（图2-77）。

巴洛克后期开始时兴领饰，把一块细布打褶围在脖子上，用花边缎带扣住。这就是领带的前身（图2-78）。

图2-77 法国风时期男子服饰

图2-78 法国风时期男子领饰

男性开始蓄起了长发，后来由于君主的影响发展成戴假发，假发上往往还扑上面粉用来定型。男帽一般为黑色，有大量色泽艳丽的羽毛和花边，由于帽檐从三面向上翘，所以又称"三角帽"。

男性外套逐渐变成直线条，常伴随前短后长的设计，同时也出现了领子的设计，袖子也由原来的大开口变成了贴合手臂的款式。1715年以后，裤子多用亮色，袜子基本没什么变化。1760年后，男上衣开始去掉多余的修饰，缓解紧束的腰身，变得实用多了，这种上衣称作夫拉克，这也是燕尾服的原型和现在的晨礼服的始祖，用料仍是丝绸，常有印花或条纹图案（图2-79）。

裙裤"朗葛拉布"在此时出现，长及膝，基本型是宽松的半截裤（图2-80）。

三、学习拓展

巴洛克时期的装饰与饰物

在17世纪的前30年中，男人们特别重视服装上的装饰品。裤子两侧、紧身上衣边缘及袖口处饰有一排排的

图2-79 法国国王路易十四的豪华着装

穗带或几十颗纽扣。领子及袖口的花边比以前更宽、更精致。靴口向外展开，长筒袜起着很重要的装饰作用（图2-81）。

图2-80 法国风时期"朗葛拉布"

图2-81 巴洛克时期男子服饰

　　这一时期妇女对佩饰品和服装附件很关注。

　　首先是头饰，其次是领口显露出来的项链，凡没有穿（实际是戴）轮状大皱领的妇女，颈间没有不戴项链的；再者手套也格外讲究，而且无论男女都把手套戴在手上或拿在手里。不戴手套的时候，大多使用一个舒适温暖的皮筒（图2-82）。

图2-82 巴洛克时期男女装饰品

这个时期女人的帽子和男人差不多，而且也流行戴假发。后期最为流行的是芳丹发型。头上用纱制成多重褶皱，高高耸起（图2-83）。头巾也是普遍要戴的。喜欢面部贴痣。

图2-83　巴洛克时期女子头饰

　　除此以外，妇女们的腰间还要挂着一个镜盒、一个香盒（漂亮的小盒中装香球）和其他化妆品。当然，珍珠耳环、手镯等仍是最令人喜爱的饰品（图2-84）。

图2-84　巴洛克时期女子首饰

　　巴洛克艺术风格盛行时期，服装形象上的大胆创新和竞相奢丽都被认为是正常的（图2-85、图2-86）。

图2-85 17世纪女服上的花边绣饰

图2-86 西班牙17世纪宫廷少女装

学习任务3 洛可可时期服饰

一、任务书

分析表2-7中人物服饰有什么特征，并填入表中。

表2-7 人物服饰

1. **能力目标**

（1）能识别洛可可时期服饰特征，熟悉史实。

（2）能拓宽视野，提高审美水平，丰富专业知识。

2. **知识目标**

（1）通过对洛可可历史背景介绍，来分析此时期的服饰特点，使学生对洛可可时期服饰有综观的印象。

（2）掌握洛可可时期服饰历史知识。

二、知识链接

洛可可艺术风格的倡导者是蓬帕杜夫人，洛可可艺术风格是继巴洛克艺术风格之后，发源于法国并很快遍及欧洲的一种艺术样式。"洛可可"是法文"岩石"的复合词，意思是此风格以岩石和蚌壳装饰为特色。洛可可艺术风格是巴洛克风格与中国装饰趣味结合起来的、运用多个S线组合成的一种华丽雕琢、纤巧烦琐的艺术样式。

洛可可服装的主要特点是精致到极点的优雅。所谓"极点"，就是妇女将自己服装的每一个细节都精致化，以便男性观赏。换句话说，人体的每一个部位都分解成可供观赏的元素。那是一个肉体享乐的时代，最有品位的女性穿着是"既暴露又优雅"。洛可可艺术的另一个特色是甜美轻快、精巧华丽，而没有巴洛克艺术的宗教气息和夸张的情感表现。构图采用非对称法则，带有轻快、优雅的运动感，色泽柔和，粉彩色系被大量运用，崇尚自然。

洛可可时装和西班牙时装的那种几何形状的严谨相反，深受生气勃勃的生命意识影响，这与建筑和造型艺术的情况相同。轮状细褶皱领过去曾跟平展的或者衬垫的衣领形成鲜明的对比，后来又干脆让平披在肩上的花边领取代了。帽子都有宽边，可以按各人的气质制成宽式、高式或斜式，头发自由散披。如果缺少天生的头发，可以用假发。特别是在法国，假发成了给人印象最深的特征。长假发在头顶部位蓬松鬈曲，然后分为两翼垂至肩上和胸前。

（一）洛可可时期男装

洛可可男装仍继续采用下摆宽松的上衣，也可以紧贴腰身缝制。衣袖为花边袖口，或者是只有胳膊四分之三那么长的短袖，露出里面镶了花边的衬衫。裤子呈袋状宽松地垂至长袜处，在裤口用玫瑰花饰带子系起来。1675年前后，男装出现了迄今仍然流行的三件套。上衣演变为长至膝盖的坎肩，外面再套装饰颇多的紧贴腰身缝制的外套，裤子是细长至膝的短裤，下面是丝织长袜和带扣襻的鞋子（图2-87）。

图2-87　洛可可时期男装

洛可可时期男装样式已经定型，是现代西装的原型，1760年后男装改变的重点为：男性外套逐渐变成直线条，常伴随前短后长的设计；男性外套出现领子的设计；袖子变成贴合手臂；背心长度变短、有翻领设计。

1. 阿比——鸠斯特科尔

阿比——鸠斯特科尔又称"阿比"，造型同前，收腰，下摆外扩，呈波浪状，为使臀部外张，在衣摆里加马尾衬和硬麻布或插入鲸须。后中缝和两侧缝在下摆都有开裰，一般无领或装小立领。前门襟仍有一排各种造型的扣子以及扣子上嵌入的图案变化无穷，最喜用的材料是各种宝石。1715年以后，阿比的用料和色调比以前柔和多了，大量使用浅色的缎子，门襟上的金绳子装饰也省略了，由于阿比变得朴素，穿在里面的贝斯特就装饰得豪华起来，用料有织锦、丝绸及毛织物，上面有金线或金绳子的刺绣，衣长一般比阿比短两英寸左右。衬衣袖口装饰有蕾丝或细布做的飞边褶饰，从阿比的袖口露出来（图2-88）。下半身的克尤罗采用斜丝裁剪，做得十分紧身，据说紧得连腿部的肌肉都清晰可见，不用系腰带，也不用吊裤带。1715年以后，多用亮色的缎子，长度仍到膝部稍下一点，裤口用三四粒扣子固定。

图2-88 有华丽刺绣的贝斯特和阿比

2. 夫拉克

18世纪中叶，男上衣去掉多余的量，衣摆不那么向外张，缓解紧束的腰身，这种上衣称夫拉克。其最大特点是门襟自腰围线起斜着裁向后下方，这是向下个时代的燕尾服迈出的第一步，也是现在晨礼服的始祖。它的用料仍是丝绸，常有印花或条纹图案（图2-89）。

3. 基莱——贝斯特

基莱——贝斯特短缩至腰，无袖，即现代西式背心的前身"基莱"。前片仍用华丽的面料，而看不见的后片则用较廉价的布料或里子制作（图2-90）。

4. 克尤罗特

克尤罗特采用斜纹裁剪，做得十分紧身，因而不用系腰带，也不用吊裤带。起初用黑色天鹅绒制作，1715年后，多用亮色缎子，长度仍到膝部稍下一点，裤口用3、4粒扣子固定（图2-91）。

5. 领饰

1710年左右，时髦的年轻人开始使用当时军装上的一种宽领饰"耐克斯特克"，男士们把装饰在假发后面的黑色蝴蝶结拿来装饰在这种领饰上面。1730年普及于一般男子直到19世纪末（图2-92）。

图2-89　18世纪夫拉克

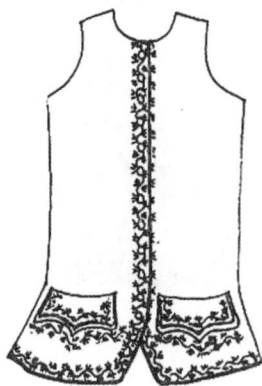

图2-90　基莱

图2-91　夫拉克、基莱、克尤罗特三件套装

图2-92　洛可可时期男子领饰

（二）洛可可时期女装

　　洛可可样式集中表现在女服上，如果说巴洛克时期是男人的世界，那洛可可时期则是女人的世界。此时女性是沙龙的中心，是供男性观赏和追求的"艺术品"和"宠物"，这种氛围使女装对外表形式美的追求发展到了登峰造极的地步。

　　洛可可女装放弃了西班牙钟式裙那种几何形状的严谨，可是保留了宽大的髋部和紧身的胸衣。在一条颜色不同的衬裙外面，套钟形的长裙，大多在前面打褶裥，身后拖着裙裾。洛可可女装变得爱卖弄风情，有褶裥、荷叶边、随意的花边和隆起的衬裙。一种穹顶形的鲸骨

图2-93 洛可可时期女装

圈取代了古老的钟式裙，形成了巴洛克晚期那种典型的女性剪影效果，从过于宽大的裙子到瘦削的肩膀，再到发型高耸的头部，整个人显现出圆锥形（图2-93）。

■ **特别提示**

人们常把洛可可风格的女装比喻成"盛大的花篮"，在这个花篮里除了鲜花、蕾丝，还有蝴蝶结和缎带。褶边、荷叶边装饰是洛可可女装在装饰手法上另一重要特色。

洛可可女装发展：奥尔良公爵摄政时代→路易十五时代→路易十六时代。

1. 奥尔良公爵摄政时代（1715～1730年）

此时女装有两个明显的特征：其一是在后背领窝处有分量很人的箱形襞褶，从肩部直至地面，造型优美流畅。由于宫廷画家瓦托选择了这种女装造型作为其绘画的对象，故此被称为瓦托罗布（图2-94）。这种优雅的样式因受到蓬巴杜夫人喜爱（图2-95），宫廷及贵夫人竞相穿用而流行了几十年。其二是一百多年前的紧身胸衣又一次出现，并成了后来几十年中女服不可缺少的重要道具（图2-96）。

图2-94 瓦托罗布

2. 路易十五时代（1730～1770年）

巴尼尔裙撑：1740年后，裙撑逐渐变成前后扁平，左右横宽的椭圆形，据说最宽竟达4m。裙撑总是与紧身胸衣同时使用，之所以要使裙子膨大化，是出于使细腰更显得纤细的目的。而由于紧身胸衣的长期使用，女性躯干极度变形，这大大影响了女性的建康，甚至缩短了寿命。弱不禁风、娇滴滴的姿态成了这个时代女性美的标志。

■ **特别提示**

"巴尼尔"（Panier，意为行李筐、背笼），其造型前后扁平，左右横宽，很像马驮物品时的背笼，故得名。

图2-95 蓬巴杜夫人

图2-96 紧身胸衣

3. **路易十六时代**（1770~1789年）

这是洛可可风结束、新古典主义服饰样式兴起的转换期。18世纪中叶意大利那不勒斯两大古城的发掘，引起人们对古代文化的关注。开始从洛可可"优美但轻薄"的文化向"朴素、高尚、平静而伟大"的古典文化转移，此倾向被称为新古典主义。

（1）波兰式罗布：1776年受波兰服装影响出现了波兰式罗布，其特征是裙子在后侧分两处像幕布或窗帘似的向上提起，臀部出现三个柔和鼓起的布团。

（2）卡拉科：这是吸收了男服机能性的女夹克，它上半身紧身合体，下摆呈波浪形外张，衣长及臀，有长袖和七分袖（图2-97）。

（3）巴斯尔样式：1780年，出现臀垫取代裙撑，后臀部又一次膨胀起来，这种前腹稍平后臀翘起的裙形称为巴斯尔样式（图2-98）。

图2-97 卡拉科

（三）发型及服饰品

1. **男子发型**

洛可可初期，男子继续流行的白色假发较路易十四时代小（图2-99）。到路易十五时代，流行灰色假发，向后梳，在脑后梳成辫子或发髻，发髻装在丝绸袋里，系上黑缎带。

2. **女子高发髻**

高发髻用马毛做垫或用金属丝做撑，然后在上面覆盖自己的头发或加上假发，并挖空心思地做出许多特制的装饰物，如山水盆景、田园风光和扬帆行驶的三桅海军战舰等（图2-100）。

图2-98　巴斯尔样式

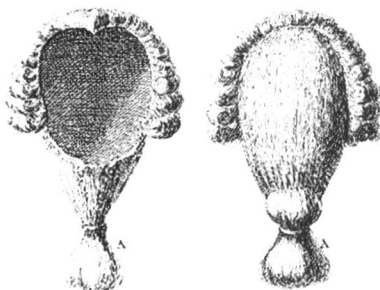

图2-99　洛可可时期男子发型

图2-100　洛可可时期女子发型

三、学习拓展

时装大片《绝代艳后》服装

电影《绝代艳后》讲述的是法国国王路易十六的王后Marie Antoinette的故事，在服装上展现了洛可可时期宫廷服饰非常柔和、非常女性化的特色。包括大裙撑，紧身胸衣，低低的领线，还有很多小花边、蝴蝶结。洛可可时代女性地位很高，所以那个时代非常强调女性美。相应地，服装颜色和款式非常女性化，强调女性感觉，包括大裙撑、收腰、低领，用一种夸张的形式突出女性的曲线。那个时代确实有很多包括紧身胸衣在内辅助的人造美，并不呈现完全的自然形体。头发也是一样，做得很高，里面有很多支撑材料。肤色化得非常淡，这样就把妆容衬托出来了（图2-101）。

(1)

(2)

图2-101 《绝代艳后》剧照

思考题

（1）汉代男服主要是什么？有何特点？

（2）女服为什么能承袭深衣？

（3）秦汉军服有哪些？

（4）说说男服的构成要素。

（5）女服主要有哪几种配套形式？唐代服装怎样体现了中国服装史最灿烂的一页？

（6）明代官服形式的理论根据是什么？

（7）说说明代女服的风格。

（8）清代冠服制度有何重大改革？为什么？

（9）女服的发展循着怎样一条路线？

（10）文艺复兴对服装的更新有何意义？

（11）分析巴洛克时期主要服饰特征。

（12）分析洛可可时期服饰特征。

单元三

服装的构成与管理

单元名称：服装的构成与管理

单元内容：本章节内容按照服装的生产流程，从材料选择、结构
设计、制板、制作，对服装进行简要的介绍。

教学时数：4课时

教学目的：使学生对服装的设计、制作等过程有清晰的了解，通
过对服装人才发展的分析需求，认识专业、产业的
关系。

教学方式：理论授课

课前课后准备：课外拓展阅读。

单元三　服装的构成与管理

任务一　服装材料

任务描述

服装材料是构成服装最重要的物质基础，服装材料的发展，引领着服装潮流的变迁，也创造着服装文化的历史。通过本单元的学习，使学生掌握机织物和针织物的分类方法，能结合实物分析服装材料，掌握常用服装面料的鉴别方法。

能力目标

（1）具备识别常用面料、辅料的能力。

（2）具有合理选择面辅料的能力，会结合实物分析并掌握服装材料的选择和使用技能。

知识目标

（1）了解机织物和针织物的分类以及常用机织物的品种。

（2）掌握机织物和针织物的概念、性能、结构特点。

（3）掌握常用服装面料的鉴别方法。

学习任务1　机织物

一、任务书

判断表3-1织物中的基本组织，进行分析、辨别，并填入表中。

表3-1　织物的基本组织

1. 能力目标

能识别机织物的原组织。

2．**知识目标**

（1）了解机织物的分类以及常用机织物的品种。

（2）掌握机织物原组织的织物特点。

二、知识链接

（一）机织物

机织物是指由相互垂直排列的经、纬两个系统的纱线，在织机上按照一定的规律和形式交织成的织品，又称梭织物。

（二）机织物的基本组织

1．**平纹组织**

由经纱和纬纱一上一下相间交织而成的组织称为平纹组织（图3-1）。平纹组织是所有织物组织中最简单的一种。平纹组织在一个组织循环内有两根经纱和两根纬纱进行交织，有两个经组织点和两个纬组织点。所以平纹组织的正反面外观相同。平纹织物结构紧密，布面平坦，质地坚牢，但手感较硬，弹性较小。

2．**斜纹组织**

斜纹组织的特点在于组织图上具有由经纱、纬纱组织点组成的斜纹，织物表面有由经浮点或纬浮点的浮长线所构成的斜向织纹（图3-2）。斜纹线的方向有左也有右，若斜向纹路自左上方向右下方倾斜称为左斜纹，又称"捺"状斜纹；若斜向纹路自右上方向左下方倾斜称为右斜纹，又称"撇"状斜纹。斜纹的方向可以用箭头来表示。

在一个组织循环中至少有三根经纱和三根纬纱。斜纹组织与平纹组织相比，具有较大的经（纬）浮长。单面斜纹正反面具有不同的外观效果。正面呈明显的斜纹，反面则较模糊，双面斜纹正反面均具有相同斜度但斜向相反的纹路。

斜纹织物手感、光泽和弹性较好，常用作制服、运动服、运动鞋的夹里、金刚砂布底布和衬垫料。宽幅漂白斜纹布可作被单，经印花加工后也可作床单。原色和杂色细斜纹布经电光或轧光整理后布面光亮，可作伞面和服装夹里。

3．**缎纹组织**

缎纹组织的经纱或纬纱在织物中形成一些单独的互不连续的经组织点（或纬组织点），在组织循环中有规律地均匀分布，这样的组织称为缎纹组织（图3-3）。缎纹组织的单独组织点被其两旁的另一系统纱线的浮长线所遮盖，织物表面都呈现经浮长线（或纬浮长线），因此织物表面富有光泽，手感柔软滑润。

图3-1　平纹组织　　　　　　　图3-2　斜纹组织　　　　　　　图3-3　缎纹组织

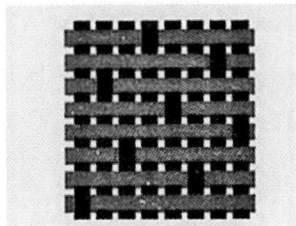

缎纹织物的经纱或纬纱在织物中形成一些单独的、互不连接的经组织点和纬组织点，布面几乎全部由经纱或纬纱覆盖，表面似有斜线，但不像斜纹那样有明显的斜线纹路，经纬纱交织的次数更少，具有平滑光亮的外观，质地较柔软。花纹图案比棉斜纹织物富立体感。

（三）机织物的分类

1. 按组成机织物的纤维种类分为纯纺织物、混纺织物和交织物。

2. 按组成机织物的纤维长度和细度分为棉型织物、中长织物、毛型织物与长丝类织物。

3. 按组成机织物的组织结构分为平纹、斜纹、缎纹与其他组织。

4. 按组成机织物的用途分为服装用、家纺用、产业用布等。

（四）常用机织物的品种

1. 平布

平布是棉型织物四季畅销的主要品种之一，除部分原色布直接供应市场外，大部分平布经过漂白、染色、印花而成各种色布、花布，是大众化纺织品（图3-4）。平布根据使用纱线的粗细和织物风格的不同，可分为粗布、市布和细布三类。

粗布表面较粗糙，棉结杂质较多，布身厚实，坚牢耐穿。细布质地轻薄，布面平整光洁，棉结杂质少，手感平滑柔韧，外观细结，光泽好。市布的织物风格介于粗布和细布之间，厚薄适中，坚牢耐穿，布面光洁。

用途：本色粗布多用作包装材料，也可直接用作手工扎、蜡染。印染加工后的粗布一般用来制作夹克、劳动服等。市布一般用于童装和居家服装，原色市布多用作口袋布等辅料。细布适用于各种衬衫、内衣、婴儿服等。

2. 斜纹布

斜纹布根据印染整理加工的不同分漂白布、染色布和印花布等品种。根据经纬所用纱线不同分纱斜纹布与线斜纹布。

织物正面斜纹纹路明显，反面则模糊不清似平纹状（图3-5）。粗斜纹纹路粗壮，质地厚实坚牢。细斜纹质地轻薄，织物紧密，手感柔软，光滑细洁。线斜纹布面光洁，手感挺爽，比纱斜纹坚牢耐穿。

用途：粗斜纹适用于工装、秋冬外衣裤。印花细斜纹可做女装和童装，素色细斜纹可做

图3-4　平布

图3-5　斜纹布

男士衬衫。线斜纹多用于外衣、制服类。

3. 灯芯绒（又称条绒）

1750年灯芯绒首创于法国里昂，采用割纬起绒工艺，使布面呈现圆润丰满的凸条纹，类似灯芯草，故名灯芯绒（图3-6）。

灯芯绒根据每英寸内的绒条数，可分为特细条、细条、中条、粗条、宽条、特宽条和间隔条等品种。根据印染加工的不同，可分为素色、色织和印花等品种。根据织造工艺的不同，可分为普通灯芯绒和提花灯芯绒。

灯芯绒外观圆润，绒毛丰满，手感厚实，质地坚牢，纹路清晰饱满，保暖性好。需要注意的是灯芯绒经日久摩擦绒毛容易脱落，洗涤时，不宜用热水强搓，洗后不宜压烫，以免倒毛、脱毛，裁剪时要注意倒顺毛，防止出现服装外观颜色深浅不一的阴阳面现象。

用途：适合作各种男女外衣、童装、鞋帽等。特细条可用作衬衫、裙装，还可用作窗帘、沙发套、帷幕、手工艺品、玩具等。印花灯芯绒及新型后整理灯芯绒的出现使这一典型棉织物更具有时代气息。

4. 牛仔布

牛仔布又名劳动布或坚固呢，是一种紧密粗厚的色织棉布，其名称来源于美国西部牛仔穿着的"牛仔裤"，风靡全球，至今长盛不衰（图3-7）。

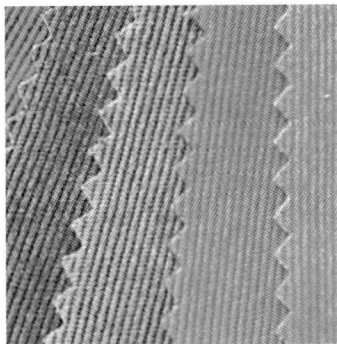

图3-6　灯芯绒

图3-7　牛仔布

牛仔布根据原料不同，可分为全棉牛仔布、棉+氨纶弹力牛仔布、棉与黏胶或蚕丝交织牛仔布、棉与羊毛、蚕丝混纺或交织牛仔布。根据厚薄不同，可分为厚型、中厚型和轻薄型。根据后整理加工不同，可分为石磨、水磨、雪磨、磨毛等牛仔布。

牛仔布质地厚实，织纹清晰，坚牢耐磨，保暖性强，风格粗犷。经预缩、烧毛、退浆、水洗等整理，使织物既柔软又挺括且缩水率减小。需要注意的是穿久了领口、袖口、裤口易发生折裂。

用途：适宜制作工作服、休闲服，如夹克、牛仔服、风衣、猎装等。

5. 亚麻细布

亚麻细布根据印染加工不同，可分为原色、漂白、染色和印花等品种。亚麻细布布面呈现细条痕状，并夹有粗节纱，形成麻织物的特殊风格。吸湿散热快，织物表面光泽柔和，不易吸附灰尘，易洗易烫，透凉爽滑，穿着舒适，较苎麻布松软，弹性差，易折皱（图3-8）。

用途：适合做服装、抽绣及装饰用布。

6. 乔其绉

乔其绉又名乔其纱。根据印染加工方法不同，可分素色和印花两种。绸面分布着均匀皱纹与明显的纱孔，质地轻薄稀疏，悬垂性好，轻盈飘逸，手感柔滑，外观清淡雅致，透明似蝉翼，弹性好，是丝绸中较轻的一种（图3-9）。

图3-8 亚麻细布

图3-9 乔其绉

用途：一般用来制作妇女连衣裙，还可以作装饰用绸，如纱巾、窗帘及灯罩等手工艺品。

7. 宋锦

宋锦是我国宋代创制的锦缎织物，现代宋锦是模仿宋朝锦缎图案花纹和配色而织成的织物。锦面平挺，织制精美，纹样淳朴古雅，配色典雅和谐，纹样有吉祥动物纹如龙、凤、麒麟等以及装饰性花果和文字，富有浓郁的民族风格。手感柔软，色泽光亮（图3-10）。

用途：常用于制作书画装帧、碑帖、舞台服装及民族服装。

8. 乔其绒

乔其绒绒毛耸密挺立，顺向倾斜，光彩夺目，色光柔和，手感稍糯柔软，富有弹性，悬垂性强，富丽堂皇，注意不宜水洗（图3-11）。

用途：适合制作高档旗袍、晚礼服、宴会服，以及少数民族礼服。

图3-10 宋锦

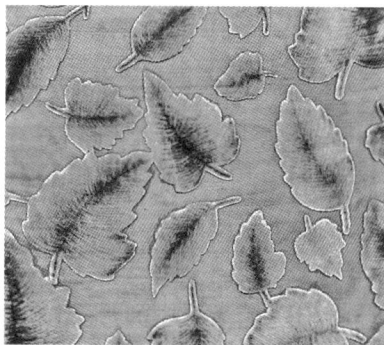

图3-11 乔其绒

■ **特别提示**

选择床上用品时，建议不要选择涤棉混纺的织物，因为容易起毛起球、产生静电。选择全棉等天然纤维织物，对人体有益，吸湿性和透气性都很好。

三、学习拓展

服装材料与服装风格

服装的色彩图案、材质风格、款式造型是服装构成的三大要素。其中，服装的色彩图案与材质风格是由服装材料直接体现的，而服装的款式造型也依赖于服装材料。完美的服装不仅要有满意的款式造型，和谐的色彩与精美的图案，还必须选择恰当的服装材料，由此可见，服装材料是体现设计创意，完成服装制作的最基本的物质条件。

服装材料的外观风格和特殊性能等是服装设计人员诠释服装流行主题和设计个性服装的载体，并且越来越受到设计师们的关注。服装设计师或服装工艺师必须熟悉和掌握各种服装材料的服用性能及风格特征，才能在服装设计制作中合理地选择、巧妙地运用和再设计服装材料来实现自己的创意。

1. *自然、朴素、原始、粗犷的服装风格*

要表现这类风格和主题的服装，应选择棉、麻等面料，如各种花色品种的牛仔布、不同粗细条纹的灯芯绒、卡其布、麻布、帆布、粗纺呢绒或采用针织绒衫裤及粗纺提花毛衫等，经现代生物水洗的面料更能体现织物陈旧和舒适的感觉。

2. *精巧、细致、高雅、端庄的服装风格*

要表现这类风格和主题的服装，应选择色光优雅、质感平整细洁的丝绸贡缎及精纺毛织物，如凡立丁、派力司、花呢、哔叽、啥味呢、驼丝绵及贡呢等，低特高密的产品更有高档感。

3. *优雅、闲适、活泼、自在的服装风格*

要表现这类风格和主题的服装，应选择柔软、舒适的针织面料，给人随意的感觉，合体的服装干净利落，宽松的服装舒展洒脱。中特纱的机织棉麻面料，同样给人朴素、自然、随意之感。

学习任务2 针织物

一、任务书

根据表3-2线圈图，分析组织特点，并说出它们组织的名称，并填入表中。

表3-2 线圈组织

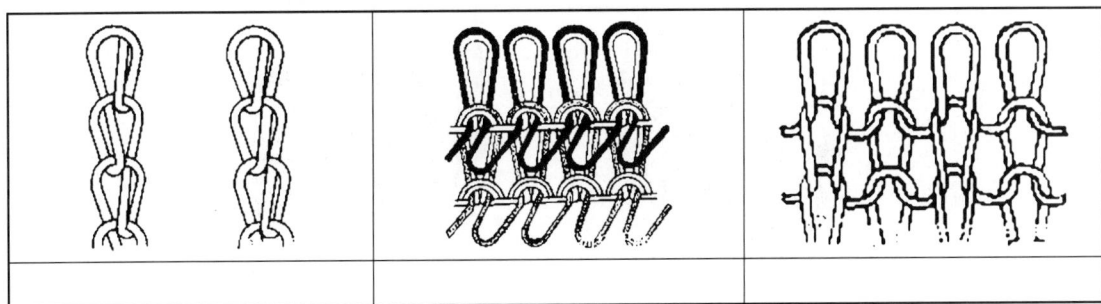

1. **能力目标**

能识别纬编针织物和经编针织物。

2. **知识目标**

（1）掌握纬编针织物和经编针织物的基本结构。

（2）了解针织物常用品种的种类、织物风格及用途。

二、知识链接

针织物是由纱线通过织针有规律的运动而形成线圈，线圈和线圈之间互相串套起来而形成的织物。所以，线圈是针织物的最小基本单元，也是识别针织物的一个重要标志。就其编织方法而言，可以分为纬编和经编两大类。

（一）纬编针织物

纬编针织物是纱线沿纬向喂入，弯曲成圈并互相串套而成的织物。根据纱线喂入的方向，纬编又可以分为两种：一种是纱线沿一个方向喂入编织成圈，形成织物的是圆机编织；另一种是纱线沿正、反两个方向变换编织成圈，形成织物的是横机编织。

纬编织物常见的产品有：内衣（如汗衫、棉毛衫、羊毛内衣等）、羊毛衫、袜品、手套等。纬编织物可以手工编织，用棒针将一根纱线逐段挑成线圈并顶入上一排对应的线圈中。纬编是一种常用的手编技术。

（二）纬编针织物基本结构

纬编针织物是由一根（或几根）纱线沿针织物的纬向顺序地弯曲成圈，并由线圈依次串套而成的针织物。纬编针织物质地柔软，具有较大的延伸性、弹性以及良好的透气性。纬编针织物有单面和双面之分。单面织物正面显露的是圈柱覆盖圈弧，反面显露的是圈弧覆盖圈柱。

1. 纬平组织

纬平组织简称平针组织，是针织物中最简单、最基本的单面组织（图3-12）。平针织物广泛用于内衣，如汗衫、三角裤、外衣、毛衣、运动衣裤、袜子及手套等。平针组织由连续的线圈相互穿套而成。纬平针的组织在针织物的两面具有不同的外观，正面外观显露出纵行条纹的圈柱，反面外观显露出横向圈弧。纬平针组织的特点是它有卷边性、脱散性，生产时用纱量较少，简单方便，效率高。

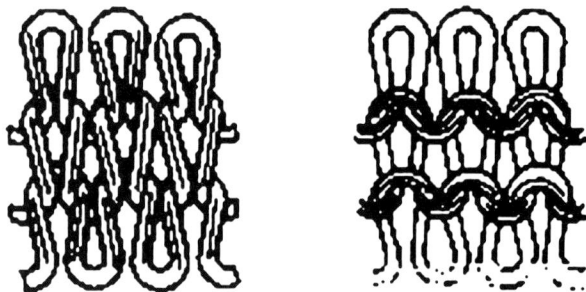

图3-12 纬平组织

2. 罗纹组织

罗纹组织是由正面线圈纵行和反面线圈纵行相互配置而组成的（图3-13）。它的最大特点是具有较大的横向延伸性和弹性，密度越大则弹性越大，具有逆编织方向脱散性，不卷边。常用于棉毛衫裤、羊毛衫以及服装的袖口、领口、袜口和下摆等。

3. 双反面组织

也称"珍珠编"。是由正面线圈横列和反面线圈横列，相互交替配置而成的（图3-14）。纵横向的弹性和延伸性相近，不会产生卷边，容易沿顺编结方向和逆编结方向脱散。

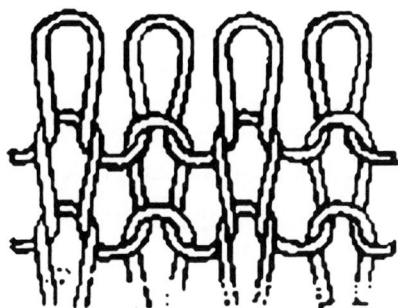

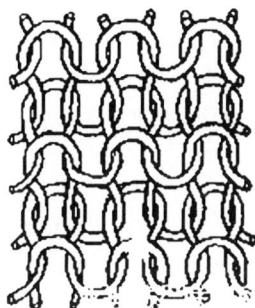

图3-13　罗纹组织　　　　　　　图3-14　双反面组织

4. 毛圈组织

毛圈组织是用一种纱线编织地组织线圈，另一种纱线编织毛圈线圈的组织（图3-15）。该组织有单面毛圈和双面毛圈之分。毛圈组织织物柔软、厚实、有良好的保暖性和舒适性。经剪毛等后整理可制得绒类织物。

5. 长毛绒组织

纬编长毛绒组织有毛圈割绒式和纤维束喂入式两种。一般都是在平针组织的基础上形成的。在编织过程中，将纤维束或毛绒纱同底纱一起喂入和编织成圈，同时使纤维束或毛绒纱的头端露出于织物表面，形成绒毛状（图3-16）。长毛绒织物的表面均附有毛绒，可以是比较整齐的平绒，也可以是长短不一的。长毛绒织物手感柔软，弹性和延伸性好，耐磨性好，单位面积重量比天然毛皮轻一半左右。

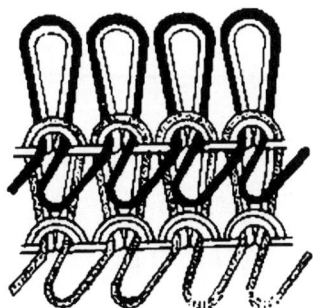

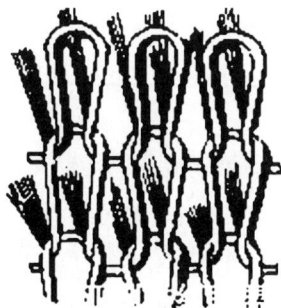

图3-15　毛圈组织　　　　　　　图3-16　长毛绒组织

（三）经编针织物

纱线从经向喂入，弯曲成圈并互相串套而成的织物。其特点是每一根纱线在一个横列中只形成一个线圈，因此每一横列是由许多根纱线成圈并相互串套而形成的。生产经编织物所用的机器主要有经编机、缝编机、花边机等。经编织物常见产品有家庭及宾馆装饰用布（如窗帘布）、床上用品（如蚊帐、床罩等）。

（四）经编针织物基本结构

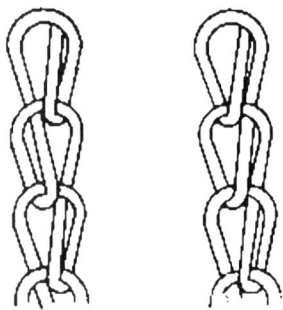

图3-17 编链组织

经编针织物是由一组或几组平行排列的纱线分别垫在平行排列的织针上，同时沿纵向编织而成。一般来说，经编织物的脱散性和延伸性比纬编织物小，其结构和外形的稳定性较好。经编针织物的基本组织有编链、经平和经缎组织等。

1. 编链组织

每根经纱始终在同一枚织针上垫纱成圈的组织叫编链组织（图3-17）。它只能形成互相没有联系的纵行条，一般是同其他组织结合而形成织物，以减小织物的纵向延伸性。该组织应用于外衣和衬衫类织物。

2. 经平组织

每根经纱在相邻两根织针上交替垫纱成圈形成的组织叫经平组织（图3-18）。经平组织具有一定的延伸性和脱散性。该组织坯布两面的外观相似，卷边性不明显，常与其他组织复合，广泛用于内外衣、衬衫等针织物。

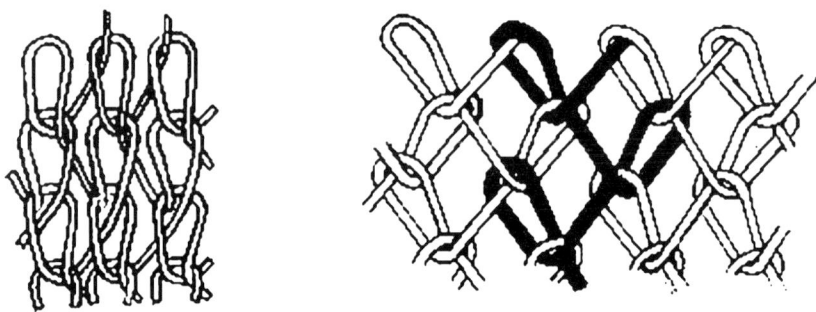

图3-18 经平组织

3. 经缎组织

经缎组织是指每根经纱顺序地在三根或三根以上织针上垫纱纺织而成的一种织物（图3-19）。

（五）常用针织物品种介绍

1. 汗布

汗布质地轻薄柔软，布面光洁，手感平滑，横纵向具有较好的延伸性，特别是横向延伸性更大，穿着舒适随意，但脱散性和卷边性严重（图3-20）。

用途：适合制作汗衫、背心、文化衫、睡衣裤、婴儿服等。

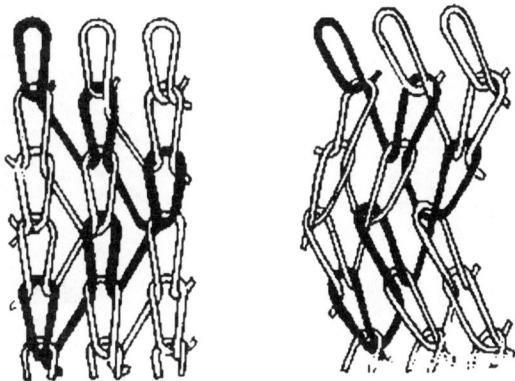

图3-19　经缎组织

2. 绒布

绒布是指织物的一面或两面覆盖着一层稠密短细绒毛的针织物（图3-21），是花色针织物的一种，根据织造方法和织物外观的不同，可分为单面绒和双面绒。单面绒又可分为厚绒、薄绒和细绒三种。根据染整后加工不同，可分为漂白、特白、素色、夹花、印花等品种。

图3-20　汗布

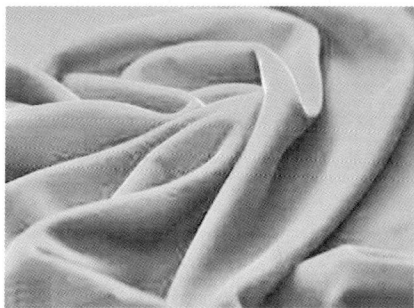

图3-21　绒布（起绒针织物）

厚绒较为厚重，绒面蓬松，保暖性好。细绒绒面较薄，布面洁净美观。纯棉原料的薄绒手感柔软，穿着舒适。纯化纤织造的薄绒色泽鲜艳，缩水率小，吸湿性差，穿着舒适性较差。

用途：厚绒多用来制作冬季绒衫裤，纯棉薄绒适合制作春秋季绒衫裤，纯化纤薄绒适合制作运动衫裤。纯棉细绒适合制作妇女儿童内衣，纯化纤细绒适合制作运动服和外衣。

3. 罗纹布

罗纹布是正面线圈纵行和反面线圈纵行以一定形式组合相间配置而成的针织物。罗纹布横向拉伸时有很大的弹性和延伸性，裁剪时不会出现卷边现象，但逆编结方向易脱散（图3-22）。

用途：适宜制作袖口、裤脚口、领口、袜口、衣服下摆等处，也多用来织制弹力衫、紧身合体款式的时装等。

图3-22　罗纹布

图3-23　天鹅绒针织物

4. 天鹅绒

天鹅绒手感柔软、丰厚，绒毛紧密而直立，坚牢耐磨，悬垂性好，高雅华贵，色泽明亮而柔和（图3-23）。

用途：适宜制作礼服、旗袍、舞台服装、时装、披肩、睡衣等。

5. 丝绒织物

根据织物外观不同，可分为平绒、条绒、色织绒等。表面绒毛浓密耸立，手感柔软、丰厚而富有弹性，保暖性好（图3-24）。

用途：适宜制作各式服装，也可做装饰布和汽车坐垫包覆材料。

6. 花边织物（蕾丝）

花边织物根据门幅宽窄，可分为宽幅、窄幅；根据染色加工，可分为素色、彩色；根据花边形状，可分为直条布边、曲条布边等品种。手感柔软而富有弹性，花型立体感强，层次分明，实体与镂空对比明显（图3-25）。

图3-24　丝绒织物

图3-25　花边织物

用途：适宜制作女式礼服、演出服等，既可以与其他面料搭配也可以单独使用，深受女性朋友的欢迎。

■ 特别提示

针织面料的服装一般不耐摩擦，容易起毛起球，所以在穿着时要尽量避免与其他物品的接触摩擦。

学习任务3　常用服装面料的鉴别

一、任务书

完成下面的实训任务。

实训一：现有三种纤维，已知是涤纶、黏胶和羊毛，试用两种简单可靠的方法鉴别出这三种纤维，并说明三种纤维在该鉴别方法中的特征。

实训二：现有纯棉和涤棉混纺面料各一块，如何将这两块面料区分开？（列出几种方法）

1. 能力目标

能运用常用服装面料的鉴别方法识别服装面料。

2. 知识目标

（1）掌握常用服装面料的鉴别方法（感官法、燃烧法、显微镜观察法）。

（2）了解常见纤维燃烧时的特征。

（3）了解常见纤维的纵向和横截面形态特征。

二、知识链接

由于化学纤维的问世以及各种新型服装材料的不断出现，服装面料的花色品种更加丰富多彩，风格特征及性能也各不相同。只有学会正确判断各种服装面料的品种、原料成分，把握其外观特征，才能根据需要找到合适的衣料，更好地进行服装设计、裁剪、缝纫加工及整烫，为服装检验把关。

所谓服装面料的鉴别，是运用各种物理、化学方法，借助已掌握的各种纤维的特性、面料的性能，所进行的原料成分分析和判断。服装面料的鉴别方法很多，最常用的是感官法、燃烧法、显微镜法。

（一）感官识别法

感官法，也称手感目测法。即通过人的感觉器官，眼、耳、鼻、手等，根据织物的不同外观和特点，对织物的成分进行判断。用感官法判别面料，首先要对各种纤维材料非常熟悉，掌握不同纤维的特点。如用眼睛看，要熟悉不同纤维的光泽、染色特性、毛羽状况等；用鼻子闻，要掌握不同纤维的气味；用手摸，要能感觉不同纤维柔软度、光滑度、弹性、冷暖感等；用耳听，要了解其纤维所特有的丝鸣声。这种方法简便易行，无须仪器，缺点是主观随意性强，受物理、心理、生理等很多因素的制约，需要长期的实践经验积累，但对多种纤维混纺的织物，识别准确率不高。

1. 识别纯棉织物与棉混纺织物

纯棉与棉混纺织物的外观、性能等比较相近，但是有不同成分的化学纤维混入，织物在外观、色泽、手感、布面状况和性能等方面，就会存在一定的差异。

（1）纯棉织物：纯棉织物外观光泽柔和，布面有显露的纱头和杂质。手感柔软但不光滑，弹性差，身骨和垂感差，光泽暗淡，手捏紧织物后松开有明显的皱纹且不易退去。如果抽几根线捻开看，纤维长短不一，一般在25～33mm，用水弄湿后纤维强力反而增强。

（2）涤/棉织物：外观光泽较明亮，色泽淡雅，布面平整光洁，几乎见不到纱头和杂质。手摸布面感觉滑爽、挺括、弹性好，手捏紧织物后松开，折痕不明显且能很快恢复原状。纱支一般较细，色彩淡雅素净。织物纱线强度比棉织物强，可扯断进行比较。

2. 识别纯毛织物与毛混纺织物

纯毛织物是化学纤维竞相模仿的对象，纯毛织物与毛混纺织物相比，外观、光泽、手感、柔软性、悬垂性、缩绒性等都更优。但是，不同的化学纤维与毛混纺后，都有了独特的外观和风格，需仔细观察后，才能比较准确的鉴别。

（1）纯毛精纺呢绒：一般以薄型和中薄型为多，织物精致细腻，外观光泽柔和，色彩纯正，呢面光洁平整，纹路清晰，手感滑糯，温暖，富有弹性，悬垂性好，织物捏紧后松开，折痕不明显，且能迅速恢复原状，捻开纱线大多为双股线，拆开纱线后，其纤维较棉线粗、长，有天然卷曲。

（2）涤纶混纺呢绒：以精纺为多，如涤毛或毛涤华达呢、派力司、花呢等多种品种，特点是呢面平整光洁，挺括滑爽，织纹清晰。涤纶混纺呢绒的弹性要好于纯纺毛织品，但手感、毛感、柔软性、悬垂性等都不如纯毛织物。

3. 识别真丝绸与化纤绸

（1）真丝绸：真丝绸光泽柔和，色彩纯正，手感润滑，轻薄柔软，有凉感，绸面平整光洁，富有弹性，亮但不刺眼，悬垂性好。

（2）人造丝绸（黏胶丝织物）：绸面光泽明亮、耀眼，但不如真丝柔和，手感润滑、柔软，有沉甸甸的感觉，易悬垂，色彩鲜艳，但弹性和飘逸感差，手捏易皱且不易恢复，撕裂时声音嘶哑。纱线浸湿后，易扯断。

4. 识别麻与化纤仿麻织物

化纤仿麻织物的原料主要是涤纶纤维，涤纶仿麻重在模仿麻织物粗犷的外观风格，手感和弹性等有很大的区别，所以两者比较容易鉴别的。

（1）麻织物：主要是指天然亚麻、苎麻织成的织品。麻织物由于纤维粗细、长短差异大，故纱线条干不均匀，折痕较粗，不易退去。织物光泽自然柔和，手感硬挺，爽滑有凉意，布面粗糙。苎麻织物表面有光泽，毛羽较长，亚麻织物手感较苎麻略为柔软，麻纤维不易上色，故色彩多为本色或浅淡色，具有蜡样光泽。

（2）化纤仿麻织物：该织物外观多疙瘩、结子，高低不平，风格粗犷，以平纹和透孔组织为多，色彩丰富，且比麻织物鲜亮。织物手感挺爽，弹性好，紧捏不皱，且有较好的悬垂性。

（二）燃烧识别法

燃烧识别法是在感观法的基础上，再作进一步判断的方法，一般只适用于纯纺和交织的织物，混纺织物燃烧特征不明显。其方法是从服装的缝边处抽下一缕包含经纱和纬纱的布纱，用火将其点燃，观察燃烧火焰的状态，闻布纱燃烧后发出的气味，看燃烧后的剩余物，从而判断与服装标注的面料成分是否相符，以辨别面料成分的真伪。应注意，实验时不要将纱线直接置入火中，而应以靠近、接触、离开三步进行，这对识别天然纤维和化学纤维至关重要（图3-26）。

（1）棉纤维与麻纤维：棉纤维与麻纤维都是刚近火焰即燃，燃烧迅速，火焰呈黄色。二者在燃烧散发的气味及烧后灰烬的区别是，棉燃烧发出纸气味，麻燃烧发出草木灰气味；燃烧后，棉有极少粉末灰烬，呈灰色，麻则产生少量灰白色粉末灰烬。

（2）毛纤维与真丝：毛遇火冒烟，燃烧时起泡，燃烧速度较慢，散发出烧头发的焦臭味，烧后灰烬多为有光泽的黑色球状颗粒，手指一压即碎。真丝遇火缩成团状，燃烧速度较慢，伴有噬噬声，散发出毛发烧焦味，烧后结成黑褐色小球状灰烬，手捻即碎。

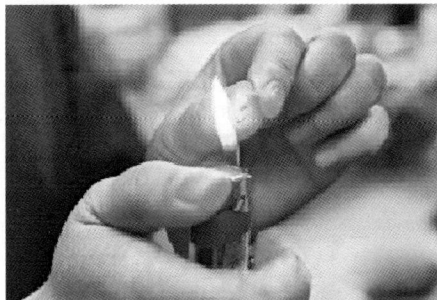
图3-26 燃烧识别法

（3）锦纶与涤纶：锦纶学名聚酰胺纤维，近火焰即迅速卷缩熔成白色胶状，在火焰中熔燃滴落并起泡，燃烧时没有火焰，离开火焰难继续燃烧，散发出芹菜味，冷却后浅褐色熔融物不易研碎。涤纶学名聚酯纤维，易点燃，近火焰即熔缩，燃烧时边熔化边冒黑烟，呈黄色火焰，散发芳香气味，烧后灰烬为黑褐色硬块，用手指可捻碎。

（4）腈纶与丙纶：腈纶学名聚丙烯腈纤维，近火软化熔缩，着火后冒黑烟，火焰呈白色，离火焰后迅速燃烧，散发出火烧肉的辛酸气味，烧后灰烬为不规则黑色硬块，手捻易碎。丙纶学名聚丙烯纤维，近火焰即熔缩，易燃，离火燃烧缓慢并冒黑烟，火焰上端黄色，下端蓝色，散发出石油味，烧后灰烬为硬圆浅黄褐色颗粒，手捻易碎。

（5）维纶与氯纶：维纶学名聚乙烯醇缩甲醛纤维，不易点燃，近火焰熔融收缩，燃烧时顶端有一点火焰，待纤维都熔成胶状火焰变大，有浓黑烟，散发苦香气味，燃烧后剩下黑色小珠状颗粒，可用手指压碎。氯纶学名聚氯乙烯纤维，难燃烧，离火即熄，火焰呈黄色，下端绿色白烟，散发刺激性刺鼻辛辣酸味，燃烧后灰烬为黑褐色不规则硬块，手指不易捻碎。

（6）氨纶与氟纶：氨纶学名聚氨基甲酸酯纤维，近火边熔边燃，燃烧时火焰呈蓝色，离开火继续熔燃，散发出特殊刺激性臭味，燃烧后灰烬为软蓬松黑灰。氟纶学名聚四氟乙烯纤维，ISO组织称其为萤石纤维，近火焰只熔化，难引燃，不燃烧，边缘火焰呈蓝绿碳化，熔而分解，气体有毒，熔化物为硬圆黑珠。氟纶纤维在纺织行业常用于制造高性能缝纫线。

（7）黏胶纤维与铜铵纤维：黏胶纤维易燃，燃烧速度很快，火焰呈黄色，散发烧纸气味，烧后灰烬少，呈光滑扭曲带状浅灰或灰白色细粉末。铜铵纤维俗名虎木棉，近火焰即燃烧，燃烧速度快，火焰呈黄色，散发酯酸味，烧后灰烬极少，仅有少量灰黑色灰（表3-3）。

表3-3 几种常用纤维燃烧特征一览表

纤维类别	燃烧特征	气味	灰烬颜色及形状
棉	燃烧迅速，火焰呈黄色，冒蓝烟	烧纸气味	有极少粉末灰烬，呈黑或灰色
麻	燃烧迅速，火焰呈黄色，冒蓝烟	草木灰气味	少量灰白色粉末灰烬
毛	遇火冒烟，燃烧时起泡，燃烧速度较慢	烧头发的焦臭味	灰烬为有光泽的黑色球状颗粒，手指一压即碎

续表

纤维类别	燃烧特征	气味	灰烬颜色及形状
丝	遇火缩成团状,燃烧速度较慢,伴有咝咝声	毛发烧焦味	黑褐色小球状灰烬,手捻即碎
锦纶	近火焰即迅速卷缩熔成白色胶状,在火焰中熔燃滴落并起泡	芹菜味	冷却后浅褐色熔融物不易捻碎
涤纶	易点燃,近火焰即熔缩,燃烧时边熔化边冒黑烟,呈黄色火焰	芳香气味	灰烬为黑褐色硬块,用手指可捻碎
腈纶	近火软化熔缩,着火后冒黑烟,火焰呈白色	火烧肉的辛酸气味	灰烬为不规则黑色硬块,手捻易碎
丙纶	近火焰即熔缩,易燃,离火燃烧缓慢并冒黑烟,火焰上端黄色,下端蓝色	石油味	灰烬为硬圆浅黄褐色颗粒,手捻易碎
维纶	不易点燃,近焰熔融收缩,燃烧时顶端有一点火焰,待纤维都熔成胶状火焰变大,有浓黑烟	苦香气味	黑色小珠状颗粒,可用手指压碎
氯纶	难燃烧,离火即熄,火焰呈黄色	刺激性刺鼻辛辣酸味	灰烬为黑褐色不规则硬块,手指不易捻碎
氨纶	近火边熔边燃,火焰呈蓝色	特殊刺激性臭味	灰烬为软蓬松黑灰
氟纶	近火焰只熔化,难引燃,不燃烧,边缘火焰呈蓝绿碳化,熔而分解	气体有毒	熔化物是硬圆黑珠
黏胶	易燃,燃烧速度快,火焰呈黄色	烧纸气味	灰烬少,呈光滑扭曲带状浅灰或灰白色细粉末
铜铵	近火焰即燃烧,燃烧速度快,火焰呈黄色	酯酸味	灰烬极少,仅有少量灰黑色灰

(三)显微镜观察法

显微镜观察法是借助显微镜来观察纤维的外观特征和横截面形态,从而达到识别纤维的目的(图3-27)。这种方法是识别天然纤维的好办法,而化学纤维的外观和截面变化较大,故难以单独用显微镜观察加以识别。显微镜观察法对混纺织物的定性分析是非常有效的,这种方法不局限于纯纺,混纺和交织产品的鉴别,能正确地将天然纤维和化学纤维区分开来,但对合成纤维却只能确定其大类,不能确定具体品种,因此,要明确合成纤维的品种,还需结合其他方法加以鉴别和验证。

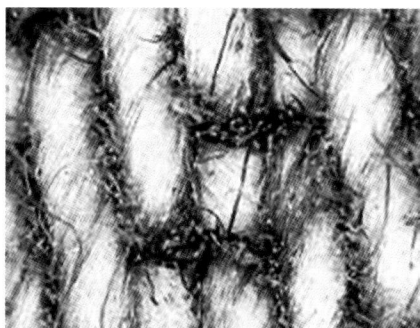

图3-27 显微镜观察法

三、学习拓展

燃烧鉴别法

1. 实验一：纯棉和涤棉

目测法：纯棉面料的光泽自然、暗哑，涤棉面料则比较亮。

手摸法：纯棉面料柔软、厚实，摩擦起来略有些涩，但很舒服。而涤棉摸上去有些"滑"，厚实度也不及纯棉。

燃烧实验：纯棉特别易燃，有明火，火苗不易熄灭，冒灰白色烟。有股烧木头的味道，过火边缘呈棕黑色、清晰，基本没有颗粒物及灰烬（图3-28）。

涤棉非常不易燃，无明火，冒青色烟。烧着后，燃烧边缘边烧边滴下如白色蜡油状的残余物，有刺鼻味，燃烧边缘会纠结在一起。燃烧边缘为黑色，稍远的地方为白色，呈胶块状，非常硬实，捏不动。

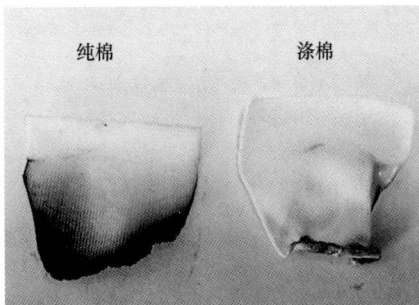
图3-28 纯棉、涤棉燃烧鉴别

2. 实验二：真丝和仿真丝

目测法：真丝面料呈现出珍珠般的光泽，很柔和。而化纤织物仿真丝，看上去的光泽则明亮、刺眼。

手摸法：真丝略有刮手的感觉，把面料对折摩擦，有"丝鸣"声。仿真丝摸上去有些"生硬"，比较挺括。

燃烧实验：真丝非常易燃，不大能看到明火。同时冒灰烟，有股烧毛发的气味，燃烧边缘呈棕黑色，有些闪亮，为大小不一的颗粒状，轻轻一捏就能捏碎。仿真丝不易燃，没有明火，冒很小的灰白色烟，边沿会滴下白色蜡油状物，有股不太强烈的刺激性气味。燃烧边缘会纠结在一起，呈棕黑色，离得稍远一些的地方呈白色（与涤棉效果差不多），为胶块状，硬实，捏不动（图3-29）。解读：仿真丝只是像真丝，真丝面料一般指蚕丝，包括桑蚕丝、柞蚕丝、蓖麻蚕丝、木薯蚕丝等，属于蛋白质纤维，具有良好的保温、吸湿、散湿和透气性，穿着舒适。仿真丝则是将涤纶纤维长丝经特殊工艺和特种整理，做成类似真丝的外观、光泽、手感，实为合成纤维，真丝具备的优异性能，它不具备。

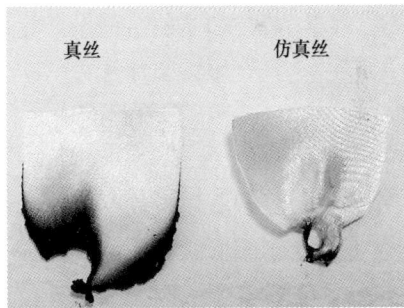
图3-29 真丝、仿真丝燃烧鉴别

3. 实验三：亚麻制品和仿亚麻制品

目测法：纯正的亚麻服装，看上去纹路清晰，自然密实，耐拉力强，表面光泽自然柔和。透光看，能看到云斑，有的还能发现少量的麻粒子。仿亚麻制品，看上去则光泽过亮，虽然也有云斑，但是遍布得过于均匀，一看就是人工的痕迹。

手摸法：纯正的亚麻制品，摸上去有些"涩"，有垂感，用力攥会有褶皱。仿亚麻针织制品摸上去比较光滑，用力攥基本不出褶皱。

燃烧实验：亚麻面料非常易燃，有明火，冒灰白色烟。有烧纸的味道。燃烧边缘呈棕黑

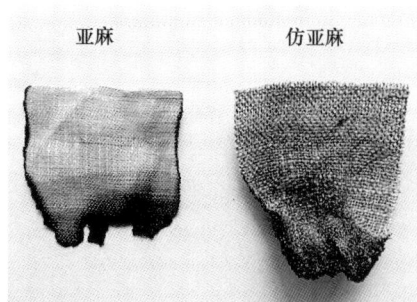

图3-30 亚麻、仿亚麻燃烧鉴别

色、清晰，起初有极细小的灰白色，燃烧后基本没有颗粒物及灰烬（图3-30）。

仿亚麻面料不易燃，基本看不到明火，冒青色烟。有刺激性气味。过火边缘呈棕黑色，会略纠结在一起，基本捏不碎。解读：亚麻透气性、吸湿性、排汗性好，穿着舒适，是一种非常好的保健面料。而仿亚麻面料虽然看上去和亚麻面料相近，但是属于化纤面料，吸湿、排汗性都不及亚麻面料，挺括、不易出皱是它的优势。

任务二 服装设计概论

任务描述

服装设计概论是运用点、线、面、体等造型的原理与美学原理，通过讲授和实践练习，使学生了解服装设计的形式美法则，掌握服装廓型的设计及形成规律，了解服装设计的工作流程，帮助学生提高审美能力。

能力目标

（1）培养学生设计思维能力和设计创新能力。

（2）培养学生收集资料、运用资料的能力。

（3）具有初步的造型设计能力。

（4）具有服装整体配色的能力。

知识目标

（1）了解服装设计的形式美法则。

（2）了解服装构成的要素。

（3）掌握服装廓型的设计及形成规律。

（4）了解服装设计的工作流程。

学习任务1 服装设计形式美法则

一、任务书

分析、辨别表3-4中的三张图片，分别运用了哪种形式美法则，并填入表中。

1. 能力目标

能够运用服装设计的形式美法则合理搭配服装。

2. 知识目标

（1）了解服装设计的形式美法则。

表3-4　服装设计形式美法则

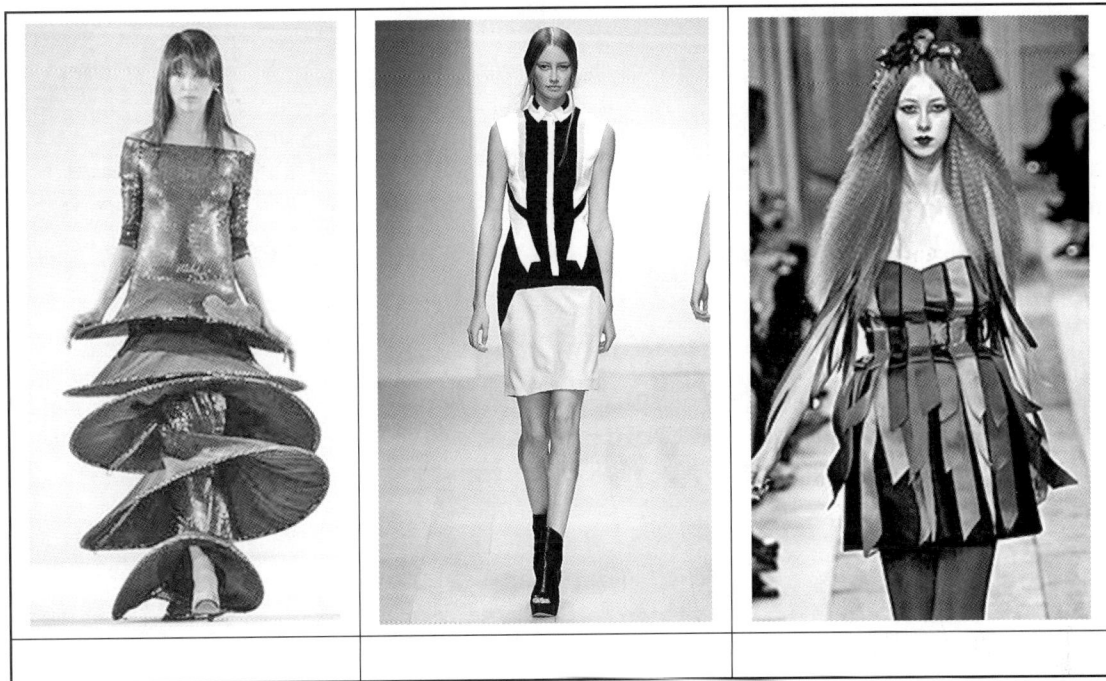

（2）掌握形式美法则的内容及在服装上的运用。

二、知识链接

形式美基本原理和法则是对自然美加以分析、组织、利用并形态化了的反映。从本质上讲就是变化与统一的协调。它是一切视觉艺术都应遵循的美学法则，贯穿于包括绘画、雕塑、建筑等在内的众多艺术形式之中，也是自始至终贯穿于服装设计中的美学法则。

形式美法则，是人们在审美活动中对现实中许多美的形式的概括反映。服装造型设计的形式美法则，主要体现在服装款型构成、色彩配置以及材料的合理配置上，要处理好服装造型美的基本要素之间的相互关系，必须依靠形式美的基本规律和法则。

（一）比例与尺度

1. 比例

事物局部与整体或局部与局部之间的数量关系，又称比率。我国古代山水画中所谓"丈山、丈树、寸马、分人"，体现的就是各种景物之间的比例关系。

比例在服装上的运用，必须以人的体型为依据，符合人体美的比例，并且必须在实际中适应不同的情况加以变化，才能获得理想的效果。

2. 尺度

尺度指局部与整体或局部与局部之间的尺寸关系，即各种因素的协调性。在艺术设计中，尺度主要是指产品与人的比例关系，即人的生理使用和物的某种特定标准间的关系。关于尺度（俗称"份"）的把握，是对服装设计的一项基本要求，也是衡量一个设计师成熟与否的重要标志。

（二）对称与均衡

1. 对称

对称是指两个同形同量的物体在中轴线的两侧完全相等地存在，如天平。对称是构成形式美的重要组成部分，人体是最典型的对称体。

对称是服装造型的基本形式。在服装的外轮廓或局部设计中，表现为或左右或上下或前后形状的大小、高低、线条、色彩、图案等完全相同的装饰组合。对称形式适用于军装、制服、工作服等严肃的服饰，对称形式的基本变化有：单轴对称、多轴对称、回转对称。

2. 均衡

均衡是上下或左右虽不是绝对对称，但在分量上却保持平衡的相对对称状态，是物体同量不同形或同形不同量的构成。在现实中，人的运动、鸟的飞翔、兽的奔跑，都是在运动中求得平衡。服装造型均衡，是指左右不对称却又有平衡感的形式。

（三）节奏与韵律

宇宙间万物是不断的发展变化并有规律的运动着，这种普遍规律的视觉效果一般称为节奏和韵律。在艺术设计中节奏和韵律是重要的形式美法则。

1. 节奏

节奏是音乐术语，指音响的轻重缓急的变化和重复，即长音与短音的交替，强音与弱音的反复，通过声音有规律的变化，结合一定的程序表现出来运动的美感。

服装造型的节奏，主要体现在点、线、面的规则和不规则的疏密、聚散、反复的综合运用。例如，百褶裙上的褶排列是褶纹、褶、褶纹、褶，显示出强、弱、强、弱的四分之二拍子，沉稳而端正。

2. 韵律

服装设计的韵律，是指衣片的大小、宽窄及长短，色彩的运用和搭配，装饰配件的选择、比例及布局等表现出来像诗歌一样抑扬顿挫的优美情调。韵律变化的形态富有刺激性，如裙、袖口、领巾的叠褶，随着形体的运动表现出微妙的韵律。

（四）对比与调和

在艺术设计中，对比与调和是一对相辅相成的形式美法则。两个要素放在一起时，相异突出，相同较少，便成为对比，反之，相同突出，相异较小，便为调和。

1. 对比（图3-31）

（1）形态对比：服装造型款式的长与短，松与紧，曲与直，繁与简，凹与凸，动与静的对比，构成新颖别致的视觉美感。通过这些对比，使服装更多姿多态，更有神意。

（2）色彩对比：服装色彩配置中，利用色相、明度、纯度的并置，或者利用色彩的形态、面积、空间的处理形成对比关系，构成鲜明、夺目的色彩美感。

（3）面料对比：服装面料的质感肌理，如厚实与轻薄，粗狂与细腻，沉稳与飘逸，平展与褶皱形成对比关系，构成服装强烈的个性，别有风味。

（4）饰物对比：服装装饰物的大与小，多与少，高与低，粗与精，疏与密，虚与实，简与繁等的对比，能起到平衡服装造型，调节气氛的作用。

2. 调和

服装造型的调和，是指两个以上的构成要素保持一种秩序与和谐，即形与形、色与色、材料与材料之间的和谐协调，令人感到愉快和舒适，这种状态叫作调和。调和的服装造型具有安静、含蓄、协调的美感。

（五）统觉与错觉

1. 统觉

统觉是指视线围绕其中心点（视点）所形成的视觉统一效应，统觉现象在服装面料图案中尤为常见，如二方连续或四方连续图案（图3-32）。

图3-31 对比

图3-32 统觉

2. 错觉

人们的视觉感受同所观察的实际不一致时产生的视觉上的错觉，简称错觉，又称视错或视错觉。

设计人员可巧妙地利用错觉来调整着装人的自然体形、脸型和肤色等方面的缺陷，起到修饰、美化作用。常见的错觉有形状错觉、分割错觉、色彩错觉、衣料错觉。

（六）省略与夸张

1. 省略

省略即简略或简化，是对所要表现的对象进行高度的概括，删繁就简，在有限中表现无限，在有形中表现无形的手法。艺术美的重要法则是以少胜多。如在服装上用明线来体现缝制的装饰结构，那就要省略其他线缝的出现。但省略不等于粗略，在整体上还应给人以完整的感觉。

2. 夸张

夸张是文艺作品中为了突出描写对象的某些主要特征而进行夸大的手法（图3-33）。服

图3-33 夸张

装造型的夸张部位多在领、肩、袖、下摆等处。夸张应注意合理性，掌握分寸感，以恰到好处为宜，不能损及平衡、比例、调和等其他形式美法则。

（七）衬托与呼应

1. 衬托

服装造型设计的衬托，是为了达到主题突出、层次丰富的艺术效果。一般以多衬少，以繁衬简，以层次衬托主体，两者共处一体，相互依存（图3-34）。服装的各部分在整体中的地位和作用一定要明确，不能喧宾夺主，只有按主次排列，才能产生好的艺术效果。

2. 呼应

呼应是艺术作品各部位之间的彼此对应关系。这里指服装与服装之间，服装与各部分之间，服装装饰形象之间的照应关系。

（八）条理与反复

1. 条理

脉络之意，它是造型上的归一，色彩上的一致，排列上的整齐，即把复杂纷繁的自然形态组织成有头绪、有层次的装饰性服装形象，甚至达到程式化的高度，表现出整齐的美（图3-35）。

2. 反复

同一形态或某一部分的重复或交替出现，服装设计中，反复是服装造型款式构成的基本要素之一，同一形态有规律的连续运用，同一面料或同一图案的交替出现，同一色彩在不同部位的重现，都能达到加强美感的效果。

（九）强调与补正

强调即突出重点和主题，强化事物的主从关系，以获得最佳的效果。例如，现代时装设计常常强调材料，其他诸如色彩、款式均处于从属地位。必要时，可用丝巾，胸针等配饰作为服装视觉中心放在重点部位加以强调（图3-36）。

值得注意的是强调要适量、适度，每套服装只有一个视觉中心，即只有一个强调部位，不能处处强调，否则，多中心则无中心，多重点则无重点。

（十）变化与统一

变化与统一是构成服装形式美诸多法则中最基本、也是最重要的一条法则。变化是指相异的各种要素组合在一起时形成的一种明显对比和差异的感觉，变化具有多样性和运动感的特征，而差异和变化通过相互关联、呼应、衬托达到整体关系的协调，使相互间的对立从属于有秩序的关系之中，从而形成了统一，具有同一性和秩序感。变化与统一的关系是相互对立又相互依存的统一体，缺一不可。在服装设计中既要追求款式、色彩的变化多端，又要防止各因素杂乱堆积缺乏统一性。在追求秩序美感的统一风格时，也要防止缺乏变化引起的呆板单调的感觉，因此在统一中求变化，在变化中求统一，并保持变化与统一的适度，才能使服装设计日臻完美（图3-37）。

图3-34 衬托

图3-35 条理

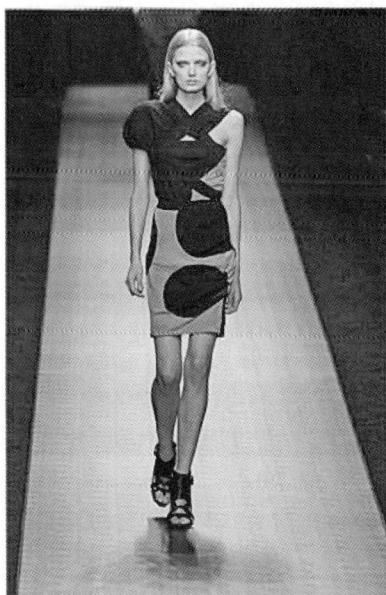

图3-36 强调

图3-37 变化

■ **特别提示**

如果将服装设计主要部位的比例关系极大地拉开，会产生强烈的视觉反差效果。

三、学习拓展

苗族银饰与服饰所蕴含的形式美

苗族是我国一个非常古老的民族，有着独具特色的民族文化。作为苗族民间文化最具代表性的服饰和银饰是具有很高美学价值的物质形态。苗族服饰和银饰的造型手法运用了写实或变形夸张,其刻画的众多人物、动物、花草等优美图案,具有很高的美学价值。苗族服饰上的刺绣、银饰的纹样构成形式丰富多样,千差万别,不同的地域环境,其纹样构成形式也各不一样。概括起来,其包含的形式美有以下几种:对称式、均衡式、混合式。这几种形式都包含了不同的形式美法则,如对称与均衡、对比与统一、节奏与韵律等。

1. 对称之美

苗族服饰中的刺绣在对称的纹样中又有一些细小的变化,很少有绝对对称的。例如鸟的造型,纹样两边的鸟,其形状、大小、色彩、动态基本一致,但会出现一只鸟的头向左另一只向右等。对称式在苗族服饰中出现得最多的部位是衣服胸襟花边、衣袖裤脚花边、围裙(图3-38)。

2. 对比与统一之美

苗族银饰中对比与统一不同于服饰的对比统一。银项圈可分为链型和圈型两种。链型以链环相连,可活动变化;圈型则用银片或银条制成圈形,定型后不可活动。少数亦有链圈合一的。此外,在贵州都柳江流域还流行一种银排圈,即套圈,每套少则几个,多则十几个,由内及外圈径递次增大。属于链型的有8字环形项链、金瓜项链、串珠型项链、响铃项链等。从以上描写中可以发现,在银项圈中大量出现了形状的大小、粗细、长短,方向的垂直、水平、倾斜,排列的疏密,位置的上下、左右、远近,形态的虚实等对比,这些对比协调统一有着挺拔劲健的美感(图3-39)。

图3-38 苗族服饰

图3-39 苗族银饰

3. 节奏与韵律之美

节奏从自然中来,也从生活中来,例如:自然界中鸟的羽毛、兽皮的斑纹、鱼鳞的排列、贝壳上的涡旋纹、水的涟漪等都是有节奏感的;韵律是指诗歌、音乐中的音律、旋律,后来泛指一切艺术中具有音乐之美的事物。节奏是韵律的基础,韵律是节奏的升华和提高。

节奏具有规律性的重复并体现出统一来，而韵律具有起伏回旋、疏密有致、抑扬顿挫等特点，并能体现出变化。节奏和韵律在苗族服饰、银饰中得到广泛运用，如苗族服饰中的"凤戏牡丹""鲤鱼跳龙门"这两个纹样就都富含节奏韵律之美。在形体上和结构上的渐大渐小，在色彩上的渐强渐弱、渐深渐浅等，如牡丹的形象比凤凰的形象稍大一些，鲤鱼的形象比龙门的形象突出一些等，这些都充分体现出苗族服饰中所蕴含的节奏与韵律这一形式美法则，使人们在欣赏苗族服饰时能获得如聆听音乐般的感受。

学习任务2　服装构成的造型要素

一、任务书

分析、辨别表3-5中的三幅图片，分别运用了哪种服装构成造型要素，并陈述理由，填入表中。

表3-5　服装构成造型要素

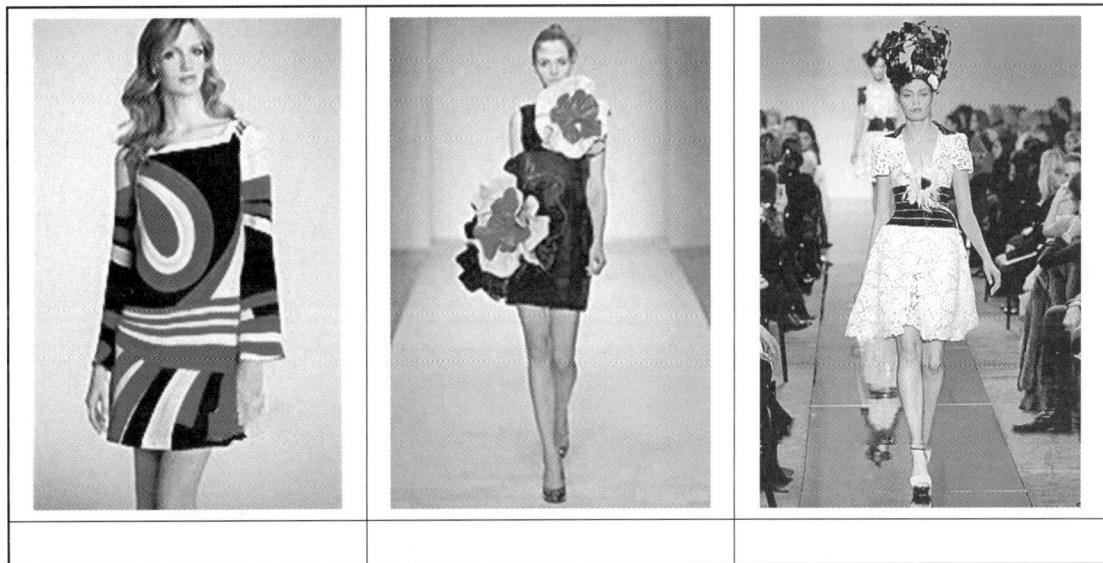

1. **能力目标**
（1）能运用服装构成的造型要素（点、线、面、体）进行服装款式设计。
（2）培养学生运用所学知识联系周围现象、解决身边问题的能力。

2. **知识目标**
（1）了解服装构成的点、线、面、体的基础知识。
（2）掌握点、线、面、体在服装中的运用。

二、知识链接

服装在人体上的存在形式是立体的，可以从空间的任意角度去欣赏和观察它的形态。服装造型属于立体构成的范畴，点、线、面、体是形式美的表现形式，是构成服装造型的基本要素。

服装设计是按照美的形式法则将点线、面、体这些要素组合而成一种完美的造型。款式即格式、样式。构成，也就是组合。要素，在形态设计中，指点、线、面、体。而在服装中，主要是指构成一件衣服形象特征具体组合的形式。构成要素在服装中，是一项可视的形象，如衣领、衣袋、扣子及其他小饰物，可以理解为"点"，而腰带、结构线、明缉线、省道线、面料的条格等，可视为"线"，衣片面料较"扣""腰带"面积大，可视为"面"。

（一）点

1. 点的概念

点是一切形态的基础，是设计中最小、最根本的要素，同时也是最为灵活的要素。当点以单独的形式出现时，并不能体现它的优势，但是以特殊的形式出现，如变化其色彩、造型等，便能吸引人们的注意，改变视觉效果。

2. 点的空间位置

点在空间中起着标明位置的作用，具有注目、突出诱导视线的性格。点在空间中位置、形态以及聚散变化都会引起人的不同视觉感受。例如：点在空间的中心位置时，有较强的吸引力和扩张力，在服装设计中，设计师通常运用点的原理来点缀突破一般状态，使之成为设计的亮点。

3. 点在服装设计中的运用

在服装中小至纽扣、面料的圆点图案，大至装饰品都可被视为一个可被感知的点，在服装设计中恰当地运用点的功能，富有创意地改变点的形状、大小、位置、色彩等特征，就会产生出其不意的艺术效果。如用点子图案面料设计服装，能产生文静、素雅的风格；如通过纽扣有规律的排列，可使服装呈现挺拔、修长的风格；另外，借助纽扣、胸针、立体造型的花、蝴蝶结等装饰点的巧妙安排，可以强调衣着的某些部位，达到画龙点睛之效，使服装更具艺术魅力与个性风采（图3-40～图3-42）。

| 图3-40 辅料作为点 | 图3-41 服饰品作为点 | 图3-42 面料中的点元素 |

（二）线

1. 线的概念

点的移动轨迹构成线。线是一切设计的基础，是构成形的基本要素。它在造型设计中具有长度、粗细、面积位置以及方向上的变化。款式构成中的线，运用得很多，如面料图案条纹线、分割线、省道线、明迹线及各种条状装饰线等。

2. 线在服装设计中的运用

在服装中线条可表现为外轮廓造型线、剪缉线、省道线、褶裥线、装饰线以及面料线条图案等（图3-43）。服装的形态美的构成，无处不显露出线的创造力和表现力。法国的克里斯汀·迪奥（Christian Dior）就是一位在服装线条设计上具有独到见解的世界著名时装设计师，他相继推出了著名的时装轮廓A型线、H型线、S型线和郁金香型线，引起了时装界的轰动。在设计过程中，巧妙改变线的长短、粗细、浓淡等比例关系，将产生出丰富多彩的构成形态。

图3-43 线的运用

（1）外造型线：服装的几个典型外廓型A、H、X、V等造型特征都是以外造型线的变化来显现的，造型线条是构成服装整体外形特征的形式。

（2）分割线：结构分割线的设计是为了满足功能性的设计，为了使服装造型能够贴服人的曲线，功能性分割线往往包含一部分省道在内，因此结构线必须以人体为依据，为满足人体舒适与运动的需要，顺应人体曲面而达到塑造人体美的功能。

（3）工艺线：主要以装饰为目的的线条，如绲边、镶边、绣花线等。

（4）材料的线：服装材料是构成服装设计美的基本要素之一，材料在服装的整体设计效果中起着非常重要的作用。其主要分为：面料纹样和辅料线。

（三）面

1. 面的概念

造型学中的面常由点的多向密集移动而成，或由线的移动形迹构成。款式构成中的面，

图3-44　面的运用

是比点大、比线宽的大块形状。面在款式构成中，除了是裁片的形态，还包括分割后的面，如衣身、衣袖等。

面在款式构成中的作用是在衬托点、线形态的同时，表现自己的特征。这里所说的面，有两层含义：其一是人们视觉上感受的面，点作为整体出现时是个"面"，线的加宽也构成了面，各种色块的拼接也可以组成面。其二从服装造型的整体上看，也存在着面，即面料。也可以说，服装上被结构线或装饰线包围的不同色彩、不同机理、不同材料、不同形状的衣片，及大贴袋、大面积的图案等均可看作面。面的作用主要与它的形状、方向有关：方形的面使人感到端庄、稳重；圆形的面使人感到温柔、活泼；任意形的面使人感到自由、潇洒；正三角形的面使人感到安定。

2. 面在服装设计中的运用

（1）服装裁片。

（2）图案的造型：图案往往成为服装的特色，形成视觉的兴奋点，设计时应依据服装的大效果，力求协调、符合形式美法则（图3-44）。

（3）饰品：指包袋、围巾、披肩、帽类等，饰品的设计风格要与服装整体风貌相符。在服装中轮廓、结构线和装饰线对服装的分割产生了不同形状的面，同时面的分割组合、重叠、交叉所呈现的布局又丰富多彩。它们之间的比例对比、肌理变化和色彩配置，以及装饰手段的不同应用能产生风格迥异的服装艺术效果。

（四）体

1. 体的概念

体是由面与面的组合而构成，具有三维空间的概念。体是自始至终贯穿于服装设计中的基础要素，设计者要树立起完整的立体形态概念。一方面服装的设计要符合人体的形态以及运动时人体变化的需要，另一方面通过对体的创意性设计也能使服装别具风格。例如日本著名时装设计师三宅一生（Issey Miyake）就是以擅长在设计中创造出具有强烈雕塑感的服装造型而闻名于世界时装界的代表人物，他对体在服装中的巧妙应用，形成了个人独特的设计风格。

2. 服装中体的形态

服装中的体是面和面结合而构成的，具有三维空间的概念。不同形态的体具有不同的个性，同时从不同角度观察，体也表现出不同的视觉形态。

3. 服装中点、线、面构成体的形态

服装中体的造型主要通过如下方式表现体的形态（图3-45～图3-50）。

■ **特别提示**

点、线、面、体是款式构成的基础视觉形态，在一套服装中，常常要综合起来运用，在综合运用这些视觉形态时，应注意突出重点，以点、线、面中的其中一种为主，辅以其他视觉形态。突出重点，款式才会有特色、有美感。

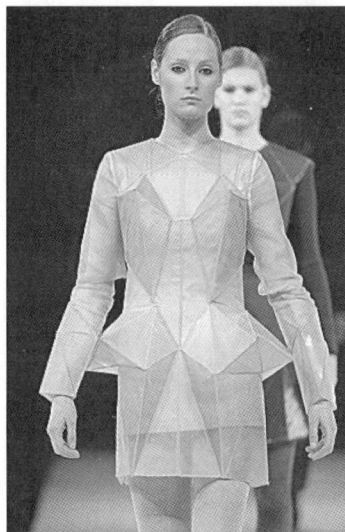

图3-45　面与面的合拢

图3-46　面与面的重叠

图3-47　面的卷曲

图3-48　点的堆积

图3-49　线的缠绕与编结

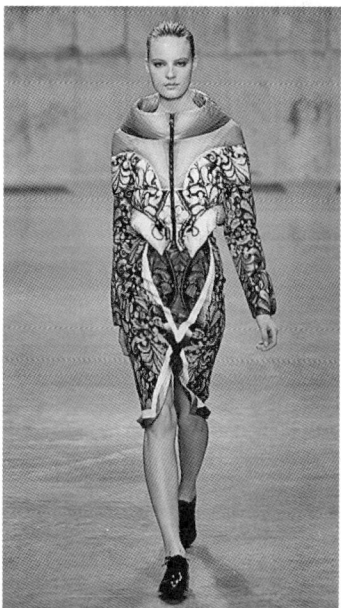

图3-50　材料的填充

三、学习拓展

服装设计三大构成要素

服装是一种综合艺术，体现了材质、款式、色彩、结构和制作工艺等多方面结合的整体美。从设计的角度讲，款式、色彩、面料是服装设计过程中必须考虑的几项重要因素，称为服装设计的三大构成要素。

1．款式

所谓款式即服装的内、外部造型样式。这里的款式是指从造型呈现的构成服装的形式，是服装造型设计的主要内容。服装款式首先与人体结构的外形特点、活动功能及其形态有关，又受到穿着对象与时间、地点条件等诸多因素的制约。款式设计要点包括外轮廓结构设计、内部线条组织和部件设计几方面。外轮廓决定服装造型的主要特征，按其外形特征可以概括为字母型、几何型、物态型几大类。在确定服装外形时应注意其比例、大小、体积等的关系。力求服装的整体造型优美和谐，富有形象性。服装上的线条不但本身要有美感，而且在款式设计分布排列要合理、协调，有助于形成或优雅、或潇洒、或活泼、或成熟的服装风格。服装部件是构成服装款式的重要内容，一般包括领型、袖子、口袋、纽扣及其他附件。进行零部件设计时，应注意布局的合理性，既要符合结构原理，又要符合美学原理，以此加强服装的装饰性与功能性，完善服装的艺术格调。

2．色彩

服装中的色彩给人以强烈的感觉。皮尔•卡丹曾经说过："我创作时，最重视色，因为色彩很远就能被人看到，其次才是式样。"织物材料的不同色彩配置会带给人不同的视觉和心理感受，从而使人产生不同的联想和美感。色彩具有强烈的性格特征，具有表达各种感情的作用，经过设计的不同配色能表现不同的情调。如晚礼服使用纯白色表示纯洁高雅，使用红色表示热情华丽。设计一套服装或一个系列服装时，要根据穿用场合、风俗习惯、季节、配色规律等合理用色，选用什么色彩、色调以及色彩搭配，都要经过反复推敲和比较，力求体现服装的设计内涵，从而达到不同的设计目的，体现不同的设计要求。服装纹样也是服装中色彩变化非常丰富的一部分。服装纹样指的就是图案在服装上的体现形式，服装上的纹样按工艺分类可分为印染纹样、刺绣纹样、镶拼纹样等；按素材可分为动物纹样、花卉纹样、人物纹样等；按构成形式又可分为单独纹样和连续纹样等；此外，还有按构成空间分类的平面纹样和立体纹样。不同纹样在服装上有不同的表现形式，是服装上活跃醒目的色彩表现形式之一。

3．面料

面料是服装最表层的材料。服装面料是服装设计的物质基础，任何服装都是通过对面料的选用、裁剪、制作等工艺处理，达到穿着、展示的目的。因此，没有服装面料，就无法体现款式的结构与特色，也无法表现色彩的运用和搭配，更无法反映功能的好坏及穿着的效果。服装造型设计，不但要因材制宜，合理运用衣料的悬垂性、柔软性等特点，同时要研究织物表面所呈现的肌理效果与美感，使服装的实用性与审美性相结合，提升服装的品质。

学习任务3　服装设计完成的基本程序

一、任务书

进行服装市场调查，完成调查报告。

同学们自由结合，分组到商场收集、观察所喜欢的运动装、生活休闲装、淑女装三种类型的不同品牌各一个，可以上网查阅相关资料，进行小组讨论，并书写调查报告。

要求：调查报告中包括品牌介绍、产品定位、当季主打款式及颜色、流行元素等。

1. **能力目标**

能够预测服装流行的趋势，收集、分析流行元素，并结合自己的特点，合理搭配服装。

2. **知识目标**

掌握服装设计完成的基本程序。

二、知识链接

（一）市场调研

在设计构思之前，要了解市场各种信息，做好充分调查。

（1）方法：市场观察、调查，与服装工作者进行交流，参加各类活动（如纺织博览会、发布会），收集资料（根据市场流行动向收集面料、色彩、款式信息）。

（2）内容：消费需求调查，竞争调查（环境、品牌、产品），供应商、代理商等合作调查。

（二）产品定位

根据上一年同季实际销售情况，制定产品定位及开发量，例如：春、秋季120款，夏、冬季160款。

（1）产品类型：按性别分为男装、女装；按年龄分为婴儿装、童装、青年装、中年装、老年装；按面料分为机织、针织、棉衣、羽绒、毛皮、牛仔等；按穿着位置分为内衣、上衣、裤类、裙类等；按穿着场合分为正装、休闲装、制服、运动服、礼服等。

（2）规划设计风格：根据市场调查和企业品牌战略对产品的要求，加上设计师对艺术的独特理解（美学、技术和经济方面），绘制草图或者表达创意的服装效果图。由于只是构思的图样，可以没有明确的尺寸。主要体现在色彩风格、面料风格、款式风格等方面。

（3）产销方式：批发、零售、专卖店、商场专柜等。

（4）目标消费：不同地区、各种体型。

（5）价格定位。

（三）主题设计

在流行风尚变化日益加速的现代社会，掌握流行信息对于服装产品的设计有着重要的指导意义，对流行信息的获得、交流、反应和决策速度成为决定产品竞争能力的关键因素。而对于流行信息的收集、分析与应用，无疑是强化竞争力的重要手段。设计师必须具有认知流行、掌握预测手段和应用流行资讯的能力。

1. **流行元素**

流行元素是时尚圈中生命力最强的元素之一，简单而个性鲜明。时尚潮流瞬息万变，但万变之中自有其规律。设计师在了解、整理国际流行元素之后，对即将要开发的这一季度产品有了一个概念性的认识。此后的工作要根据这些讯息，结合本品牌的实际情况和全球服装流行趋势来确定服装品牌新一季度产品的主题，确定产品结构开发计划，确定新季度品牌形象推广方案（图3-51、图3-52）。

图3-51　印花图案流行元素预测

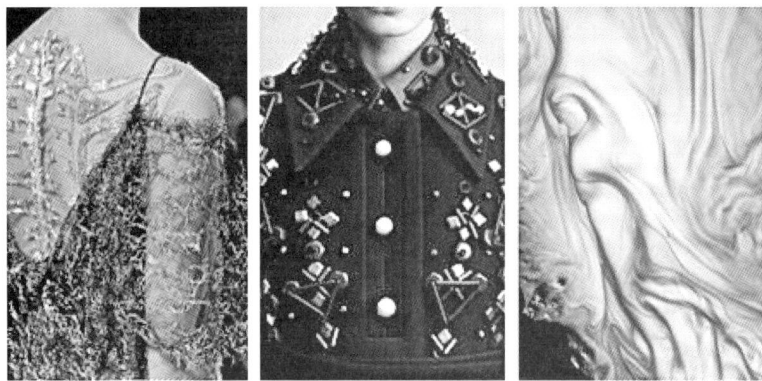

图3-52　女装礼服装趋势——宇宙元素

2. 流行预测

服装生命周期的特征使流行的发展有脉络可寻，因而具有可预测性。它建立在广泛的市场调查和对社会发展趋势的全方位估测的基础上。

服装流行预测是指针对服装，在归纳总结过去和现在服装及相关事物流行现象和规律的基础上，以一定的形式显现出未来某个时期的服装流行趋势（图3-53）。

3. 灵感来源

设计的灵感主要来源于大自然中的植物、动物和鸟类，民族文化、建筑物、几何图案等等，要把这些合理的运用到服装上，需要设计师具有一定的设计功底（图3-54）。

（四）主题设计

主题设计是将创意集中化、具象化。鲜明的主题为设计师指出了明确的设计方向，为整个设计过程理清了思路，便于设计团队分工合作。在设计开发工作结束之后，主题还为将来的产品销售奠定了良好的推广基础。在订货会、零售商店、推广海报和杂志上，独特而精彩的主题

图3-53　男女装流行趋势

图3-54　设计的灵感来源

如价值百万的广告语一样宝贵。好的主题不仅可以为新产品宣传照片提供精彩的创意，包括色彩、布景、摄影风格等；也可以让时装评论记者写出具有吸引力的文章（图3-55）。

图3-55 "荷叶"主题设计

（五）确定设计方案

考虑技术细节。从色彩、质地、完整性及后处理几个方面来确定与创意相吻合的面料及辅料等。

（六）产品规划

包括开发时间、上市计划、面料构架、产品构架、色彩构架等几个方面。

（七）深入设计

包括系列色彩设计、系列款式设计、系列图案设计、系列面辅料设计、系列服饰配件设计。

（八）设计筛选

包括设计图稿筛选、成品筛选、订货会筛选。

（九）样衣制作

将面辅料、款式图、参考样衣同步移交板房，款式图上需标注工艺要求及尺寸。多与板型师交流，尽可能地避免不必要的样衣修改或重做。通过样衣的制作，进一步审查设计方案，并且计算工时，编制工序，为车间生产安排计划。

（十）审查样衣

包括形式、衣料、加工工艺和装饰辅料等方面。

（十一）制作样衣和制定技术文件

包括纸样、排料图、定额用料、操作规程等。样衣卡上的款号、用量、面料小样必须齐全、准确无误。

■ **特别提示**

选购皮草时，应注意制作工艺方面，每块皮草的缝合处是否平滑而坚固，好的制作工艺其接缝处往往不露痕迹。

三、学习拓展

服装流行预测的内容

服装流行预测的内容主要指服装的设计要素。通常以主题形式出现，每个主题下包括服装廓型、结构造型、材料、色彩、细节与工艺及整体风格几个方面，或者是针对一个内容或几个内容进行预测。

1. 服装廓型

服装廓型最敏感地反映着流行的特征，它是时代服装风貌的体现。轮廓线的变化十分明朗地反映或传递着流行信息和流行趋势的动向。

2. 结构造型

结构的细微处理，可以体现出流行的特征，因此，结构也有流行和非流行之分。时代文化的特征会反映在服装结构上，合体程度的掌控、分割线条的形状处理、开身变化、袖肩造型等都配合着服装流行的演变，跟随社会时尚而变化。

3. 材料

材料是服装的载体，是先于服装反映流行信息的。服装材料流行主要是面料色彩、肌理、纹样的流行。尤其是服装发展到今天，依靠廓型、款式等方面的变化推陈出新的空间已极为有限，因此服装的创意更多体现在材料的发掘上。

4. 色彩

色彩在时装中的主导地位贯穿于市场始终，设计师着重于色彩的强度与意境的表达。虽然某个色系每季都出现，但每一季色彩的倾向性是不同的。或灰暗、或明亮，或混浊、或清澈、或透明、或厚重等，要能把握住整体色彩感觉。

5. 细节与工艺

在每一个流行季节里，服装都有不同的细节，如领子的大小、尖圆，腰线的上下，口袋的明暗等。细节能反映出流行的特点，也是商业促销的卖点。

还有一个很重要的方面，就是整体风格感觉，以上所有要素综合体现出的风格是流行的大方向，这是服装设计师必须把握的。

服装流行预测已经成为一种规模宏大的产业化研究。例如，国际流行色协会提前两年推出权威的色彩预测；巴黎PV织物博览会、德国法兰克福衣料博览会、国际羊毛局等提前12～18个月推出纱线和纺织品的预测；各国服装预测研究设计中心提前6～12个月推出具体的服装流行主题，包括文字和服装设计手稿以及实物。我国纺织服装流行趋势研究、预测和发布起步较欧美发达国家和地区要晚，但通过与国际一流的研究机构、信息机构和设计机构合作，并按照国际惯例和运作方式操作，目前我国纺织服装流行趋势发布有很大的发展，其发布从内容到形式几乎与国际同步。

任务三　服装结构设计概论

任务描述

服装结构是将造型设计所确定的立体形态的服装轮廓造型分解为平面的衣片。本节主要是介绍服装结构制图的基础知识。

能力目标

（1）具有人体测量、服装号型等基础结构能力。

（2）具有识别板型基本风格的能力。

知识目标

（1）学习结构相关知识，了解人体与结构关系。

（2）了解生活中的板型知识。

（3）了解服装的常用线条、部件的专业基本术语。

（4）了解服装产品的吊牌内容及意义。

学习任务1 服装结构基础知识

一、任务书

服装设计师设计的款式一般采用服装彩色效果图表现，但如果服装生产企业要把这些设计构思真正地实现，首先要依据客户或消费者的设计要求进行服装结构设计，制成样板后才可以裁剪以及制作成服装。

1. 能力目标

具备区分服装结构相关行业概念的能力。

2. 知识目标

（1）了解服装结构基础的基础概念。

（2）了解服装结构的结构设计方法。

二、知识链接

（一）基础概念

1. 服装结构设计

广义上的服装设计大体上应包括服装款式设计、服装结构设计与服装工艺设计三个环节。服装结构设计是将款式设计的构思及形象思维形成的立体造型服装转化为多片组合的平面结构图的工作，是研究服装结构的内涵及各部位的相互关系的服装专业理论。结构设计兼具装饰性与功能性的设计、分解与构成的规律方法，在服装设计中具有承上启下的作用。

也就是说，服装结构设计是根据某一个服装款式，确定在平面状态之下衣片的结构（图3-56）。服装结构设计一方面要忠实于款式造型，另一方面要使服装符合人体的体型，同时又要结合面料及工艺要求，使之为后续的工艺设计打好基础。这几方

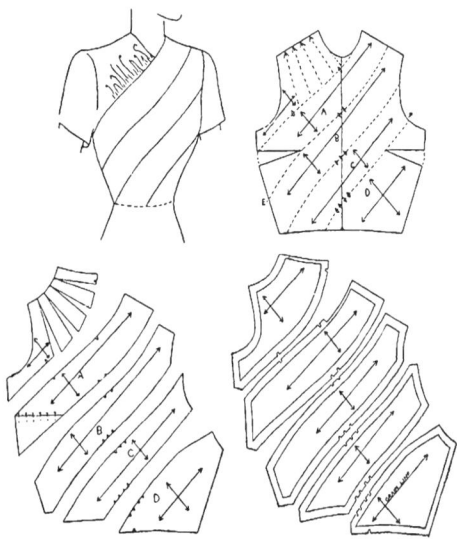

图3-56 结构设计图

面中，最重要的任务是实现从立体到平面的转变，这是服装结构设计的中心环节。

　　但是，单纯地这样来理解服装结构设计又是远远不够的，实际上服装结构设计涉及的学科非常多，有人体工程学、服装材料学、服装卫生学等内容。

　　2. **服装结构制图**

　　服装结构制图是根据人体规格和款式特点，在面料上画出相应的轮廓线，沿轮廓线裁剪成衣片，这种制图方法称为"毛缝裁剪"或"毛缝"，毛缝制图即轮廓线内包含了缝份与贴边（图3-57）。

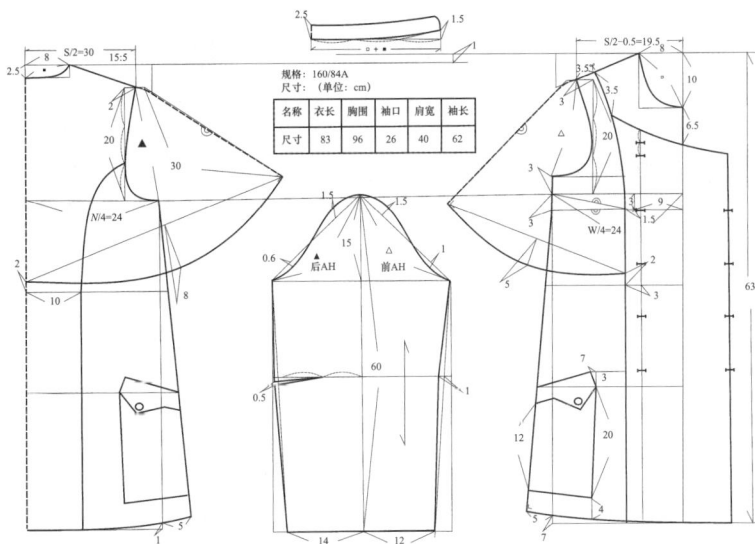

图3-57　服装结构制图

　　从服装结构设计和服装结构制图两个名词的含义中可看出，前者注重设计，强调创造性和开拓性；后者注重操作，强调动作性和工艺性。因此服装结构制图适用于典型的、常规穿着的一般服装款式，其结构的合理性已经得到证明和肯定，而服装结构设计的对象是最新的款式和造型形象，这就要求结构设计者能够创造性地、科学合理地处理好服装造型和服装缝制工艺之间的关系，并将新造型、新款式、新风格服装的立体形象，在结构上全面、准确地表现。

　　服装结构设计与服装结构制图既相互联系，又各有自己独立的工作内容。根据服装设计图稿来绘制服装结构制图，必须先进行结构设计，当结构效果稳定以后，再进行服装结构制图，服装结构设计是通过制图的形式表现的，结构设计是结构制图的延伸与升华，而结构图是结构设计的基础，因此在课程设置方面，必须先学习服装结构制图，打好基础以后再进行服装结构设计的学习。

　　3. **工业样板**

　　服装工业样板是服装结构设计的后续和发展，是服装工业标准化的必要手段，是服装设计进入实质性阶段的标准。服装工业制版从狭义上讲是指依据款式、面料、规格尺寸与成衣工艺要求，绘制基本的中间标准纸样，并以此为基础按比例放缩，推导出其他规格的一整套纸样，为成衣生产企业有组织、有计划、有步骤、保质保量地进行生产提供保证（图3-58）。

　　服装工业样板主要内容包括打基础板、推板、样板的校验以及生产工艺文件的编制四个部分。

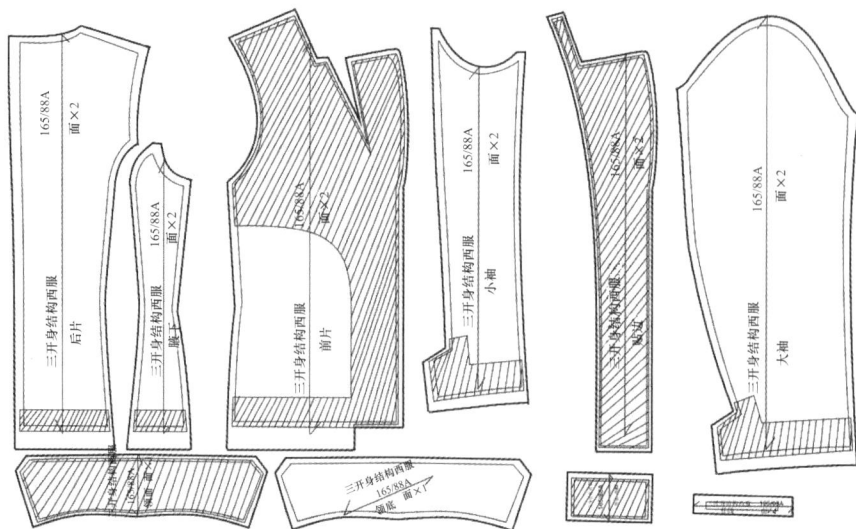

图3-58　服装工业制板图

4. 服装CAD

服装CAD技术，即计算机辅助服装设计技术，随着计算机技术的飞速发展，计算机辅助裁剪目前已广泛地应用于服装生产。用服装CAD系统辅助制图裁剪，无论是精确度和速度，都是手工制图裁剪所不可及的，计算机辅助制图裁剪大大提高了服装成衣的生产效率，使之能适应现代化工业生产的需要。

计算机制板：主要通过人机交互方法进行制图，即用计算机代替纸张及制图工具进行平面制图，目前软件公司正在研制半自动化制图方法，即建立领、袖、衣身模型库输入参数，自动生成各个部件。自动化较为困难，因为涉及面料的特性等。在欧洲国家达到70%，台湾30%，我国不到3%，因此，使用服装CAD制板是服装结构设计的一大趋势（图3-59）。

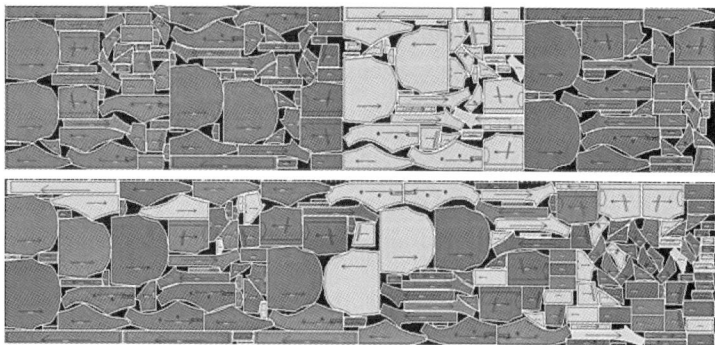

图3-59　计算机辅助排料图

（二）服装结构设计方法

1. 平面结构设计方法

平面构成，也称平面裁剪。平面构成指将服装立体形态通过人的思维分析，将服装与人体的立体三维关系转化成服装与纸样的二维关系，通过由实测或经验、视觉判断而产生的定寸、公式等方法绘制出平面的纸样。

（1）原型法：原型法又称过渡法，即采用原型或基型等基础媒介体，在其基础上根据服装具体尺寸及款式造型，通过加放、缩减、剪切、折叠、拉展等技术手法作出所需服装的结构图（图3-60）。

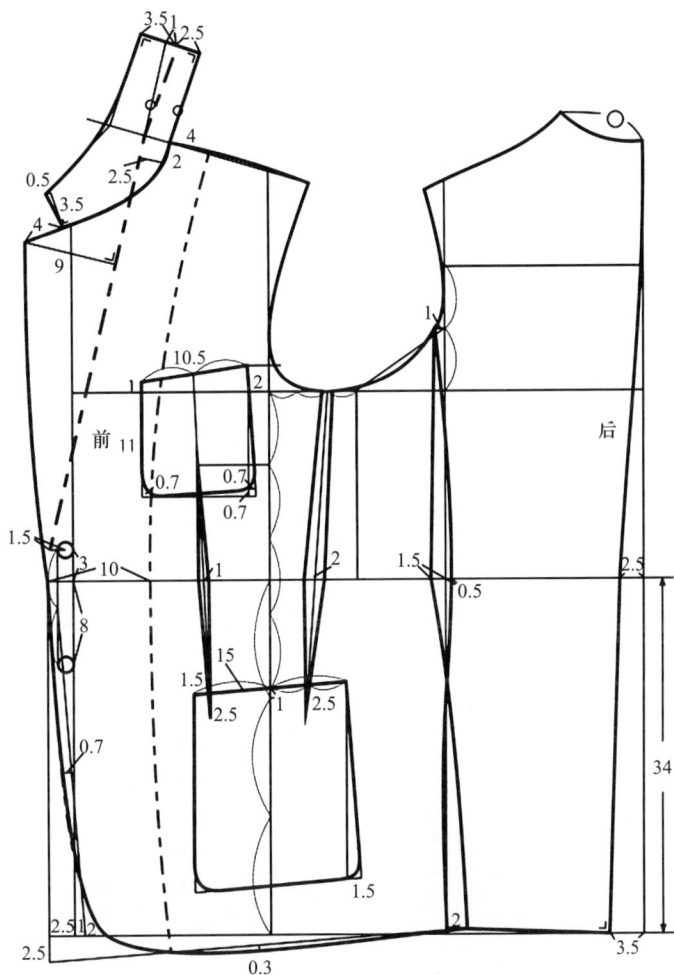

图3-60　原型法男西服结构图

（2）直接法：亦称直接制图法，它不通过间接媒体，直接测得参照服装的各细部尺寸，或运用人体体型规格及与服装之间的关系，将服装结构图的细部用人体基本部位的比例形式计算出来（图3-61）。

2. 立体结构设计方法

立体构成，也称立体裁剪（Drape）。立体构成将布料覆合在人体或人体模型上，利用材料的悬垂性能，将布料通过折叠、收省、堆积、提拉等手法，制成三维立体布样（图3-62）。

规格：160/84A
尺寸：（单位：cm）

名称	衣长	胸围	腰围	肩宽	袖长
尺寸	90	92	82	39	15

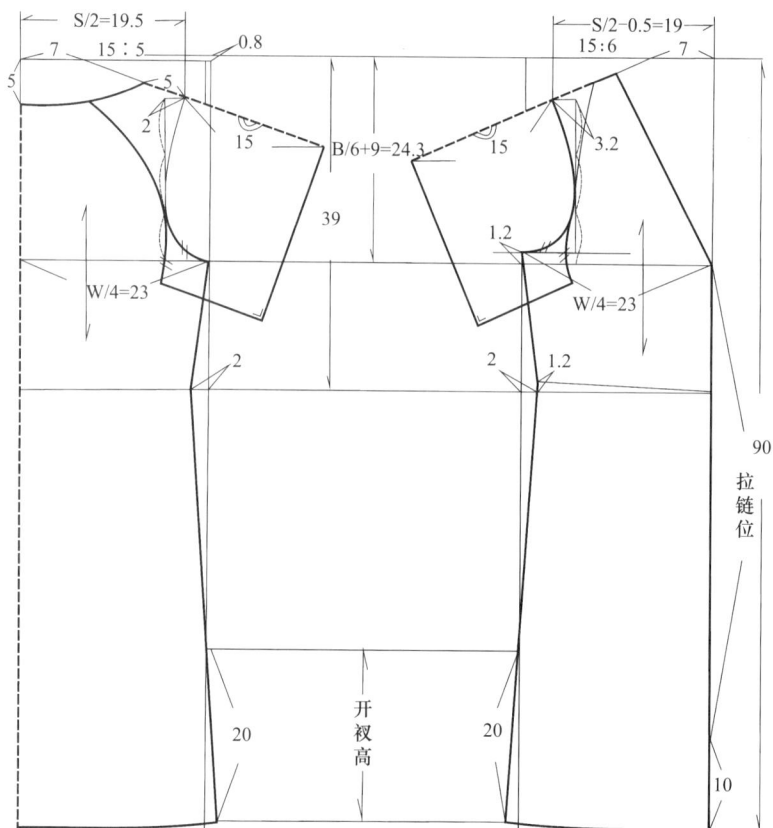

图3-61 直接制图法

图3-62 立体裁剪法

3. 平面与立体相结合法

①以立体构成为主、平面构成为辅。形成布样→款式纸样→修正→样板。

②立体构成、平面构成并举。立体形态简单的服装：平面构成→立体检验→修正→样板。

学习任务2 人体的测量

一、任务书

根据所学尺寸，选择2~3个模特按照表3-6进行填写，并进行比较。

表3-6 模特尺寸表

测量部位	测量尺寸（模特1）	测量尺寸（模特2）	测量尺寸（模特3）
身高			
头围			
颈根围			
胸围			
前腰节			
前胸宽			
腰围			
腹围			
臀围			
身高			
后腰节长			
背长			
臂围			
肩宽			
臂根围			
乳距			
乳高			
腕围			

人体部位测量图

1. 能力目标

具备测量人体常用数据的能力。

2. 知识目标

（1）了解人体关节活动规律，懂得人体骨骼与人体测量的关系。

（2）能正确把握人体测量部位的各个起止点。

（3）能准确有序地测量人体尺寸，做到横直有序，部位准确，手势规范，方法正确。

（4）懂得人体测量与服装规格的关系。

二、知识链接

（一）人体骨骼与人体测量的关系

骨骼是人体结构的基础，也是人体的支架，在外形上决定着比例的长短、体形的大小以及肌肉生长的方向和形状。骨骼与人体的测量有着十分密切的关系（图3-63）。

如：颈椎骨——是测量衣长的起点；

肩关节——是测量袖长与肩宽的起点；

锁骨——是领口的交点，即人体的中点；

肩胛骨——是服装前后的活动点；

肱骨——是测量短袖的位置；

髋骨——是衣袋的位置；

盆骨——是测量臀围的位置；

膑骨——是裤子中裆的位置；

踝骨——是测量裤子长度的终点。

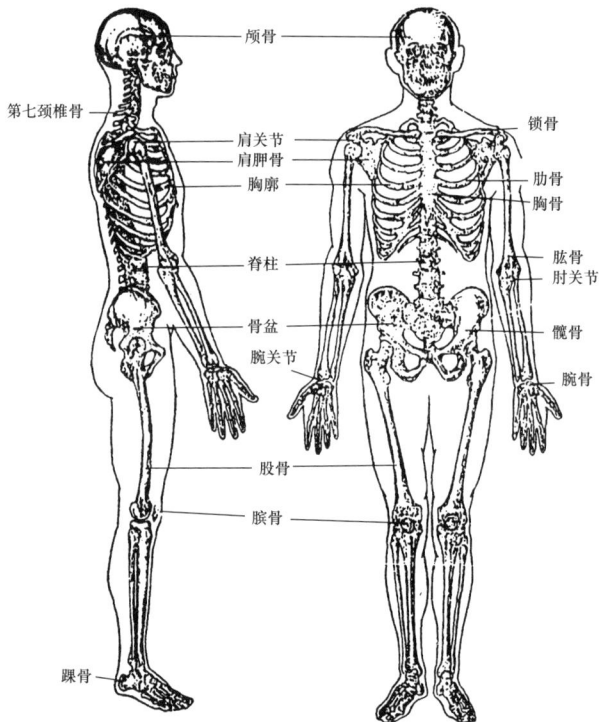

图3-63　人体骨骼图

（二）人体测量过程与方法（要求准确、全面）

1. 人体测量工作过程（图3-64）

2. 人体测量部位（图3-65）

（1）总体高——人体立姿，头顶点至地面的直线距离。

（2）身高——人体立姿，颈椎点至地面的直线距离。

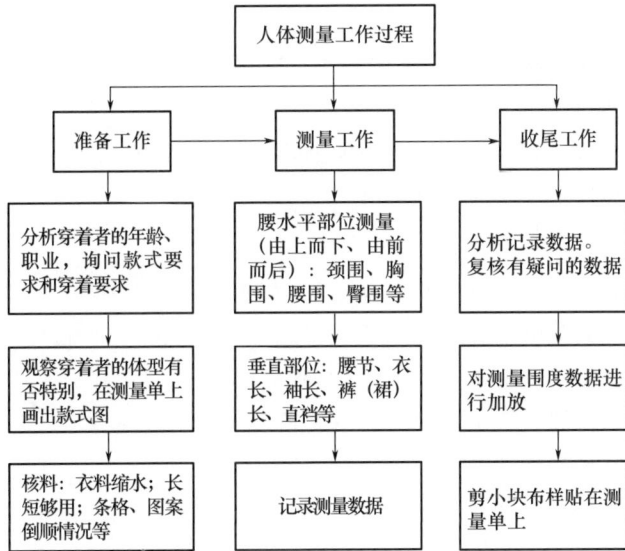

图3-64 人体测量工作过程

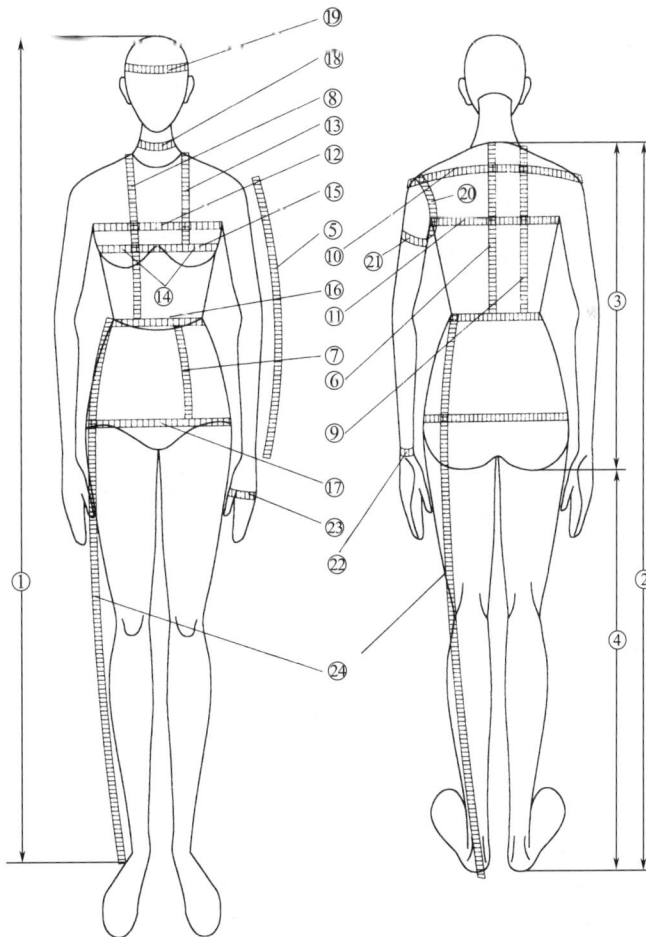

图3-65 人体测量部位

（3）上体长——人体坐姿，颈椎点至椅子面的直线距离。

（4）下体长——由胯骨最高处量至脚跟齐平的位置。

（5）手臂长——肩端点至茎突点的距离。

（6）后背长——由后颈点开始，沿后中线量至腰节线，顺背形测量。

（7）腰长——腰节线至臀围线之间的距离。

（8）前身长——由肩颈点经乳点至腰节线之间的距离。

（9）后身长——由侧颈点经肩胛突点，向下量至腰节线位置。

（10）全肩宽——自左肩端点经过后颈点量至右肩端点的距离。

（11）后背宽——背部左右腋窝之间的距离。

（12）前胸宽——胸部左右腋窝点之间的距离。

（13）乳下度——自侧颈点至乳点之间的距离。

（14）乳间距——两乳点之间的距离，是确定服装胸省位置的依据。

（15）胸围——以乳点为基点，用皮尺水平围量一周。

（16）腰围——在腰部最细处，用皮尺水平围量一周的长度。

（17）臀围——在臀部最丰满处，用皮尺水平围量一周的长度。

（18）颈根围——经过前颈点、侧颈点、后颈点，用皮尺水平围量一周的长度。

（19）头围——过前额和后枕骨，用皮尺在头部水平围量一周的长度。

（20）臂根围——经过肩端点和前后腋窝点围量一周的长度。

（21）臂围——在手臂最丰满处，用皮尺水平围量一周的长度。

（22）腕围——在腕部用皮尺围量一周的长度。

（23）掌围——将拇指并入手心，用皮尺在手掌最丰满处围量一周的长度。

（24）裤长——由腰节线至脚踝骨外侧突点之间的长度，是普通长裤的基本长度。

3. **人体测量各部位名称**（图3-66）

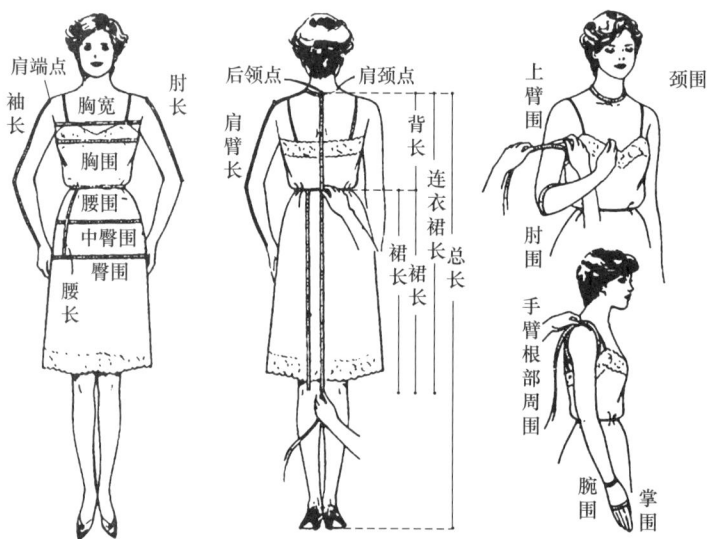

图3-66　人体测量各部位名称

4．人体测量注意事项

（1）测量人体时要求被测者站立正直，双臂下垂，姿态自然，不得低头、挺胸。软尺不要过紧过松，长量时尺要垂直；横量时，尺要平衡，前后保持同一水平上。

（2）要了解被测者工作性质、穿着习惯和爱好，并征求被测者意见和要求，以求合理、满意的效果。

（3）测量人体时要区别服装的品种类别和季节要求，冬量夏衣、夏量冬衣要掌握尺寸放缩规律。

（4）对特殊体型（如鸡胸、驼背、大腹、凸臀）应测特殊部位，并做记录，以便制图时做相应的调整。

（5）在放松量表中所列的各品种的服装放松量，是根据一股情况制定的，只供实际运用时参考。由于服装款式和习惯爱好要求的不同，可根据实际需要增减。

小贴士1：测量时，人体状态是自然呼吸状态，过紧和过松都不适合测量。

小贴士2：测量肩宽时一定要注意经过第七颈椎点。

小贴士3：测量胸围、腰围、臀围等围度时，站在人体侧面测量，保持水平。

三．学习拓展

模特的形体美主要体现在骨骼形态、头身比例、上下身差、肩宽、三围（胸围、腰围、臀围）等方面。

具体要求为：人体骨骼发育正常、无畸形、身体各部位比例匀称。头身比例最好能达到 1/8，即身长为8个头高。两臂侧举伸展之长与身高值相近。腰围与胸围、腰围与臀围的比例以接近黄金分割率为最佳。颈部修长灵活，双肩对称；男模特胸肌圆隆有形，女模特乳房丰满不下垂；腰部细而有力，臀部上翘不下坠；大小腿修长并且腓肠肌位置高。男模特强调肌肉线条及力量感，整个体形呈倒梯形。女模特强调线条流畅，整个体形呈S曲线型。

国际统一模特身材标准为：女模特身高178（±2）cm、胸围 88（±2）cm、腰围 60（±2）cm、臀围 90（±2）cm；男模特身高 188（±2）cm、胸围 100（±2）cm、腰围 75（±2）cm、臀围95（±2）cm。

模特形体美还应体现在正确的姿态上，只有具备了体态美、线条美、姿态美才具备了外部形态美，所有这些只有通过持之以恒的训练以及合理的饮食搭配才能成就，而外部形态美与内部情感的统一就真正构成了模特的和谐美（图3-67）。

图3-67　国际时装周模特

学习任务3　服装制图术语

一、任务书

请标出各线条的名称（表3-7）。

表3-7 服装各部位名称

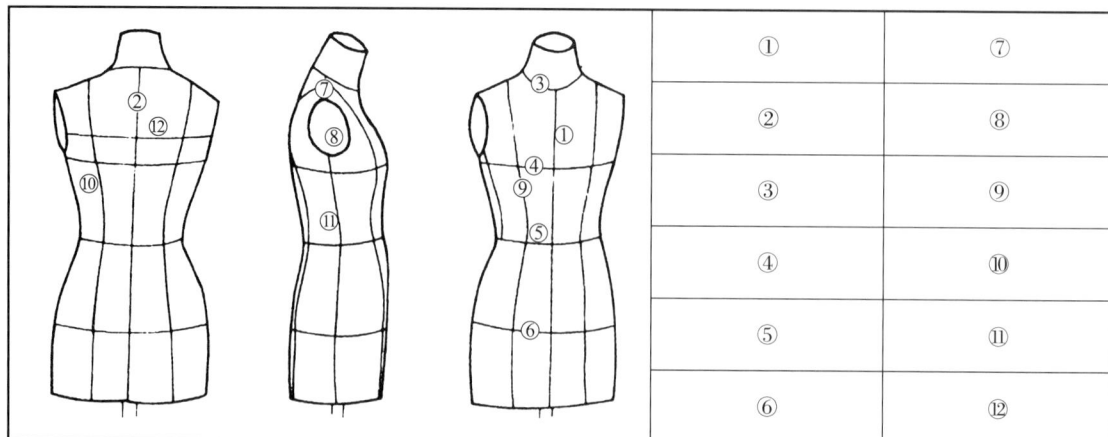

①		⑦	
②		⑧	
③		⑨	
④		⑩	
⑤		⑪	
⑥		⑫	

1. 能力目标
具备识别服装各部位的专业名称能力。

2. 知识目标
（1）掌握服装各部位名称的专业术语。
（2）能准确表达服装制图中的常用线条。
（3）学习制图符号，能看懂服装结构图。

二、知识链接

（一）基本制图术语（图3-68）
①肩缝（Shoulder seam）：在肩膀处，前后衣片相连接的部位。
②领嘴（Notch）：领底口末端到门里襟止口的部位。
③门襟（Front fly或Top fly）：在人体中线锁扣眼的部位。
④里襟（Under fly）：指钉扣的衣片。
⑤止口（Front edge）：也叫门襟止口，是指成衣门襟的外边沿。
⑥搭门（Overlap）：指门襟与里襟叠在一起的部位。
⑦扣眼（Button-hole）：纽扣的眼孔。
⑧眼距（Button-hole space）：指扣眼之间的距离。
⑨袖窿（Armhole）：也叫袖孔，是大身装袖的部位。
⑩驳头（Lapel）：里襟上部向外翻折的部位。
⑪摆缝（Side seam）：指袖窿下面前后身衣片连接的合缝。
⑫底边（Hem）：也叫下摆，指衣服下部的边沿部位。
⑬串口（Gorge line）：指领面与驳头面的缝合线，也叫串口线。
⑭滚眼（Thread inlay）：用面料包做的嵌线扣眼。
⑮前过肩（Front yoke）：连接前身与肩合缝的部件，也叫前育克。
⑯肚省（Fish dart）：指在西装大口袋部位所开的横省。

⑰通省（Through dart）：也叫通天落地省，指从肩缝或袖窿处通过腰部至下摆底部的开刀缝。

⑱刀背缝（Princess seam）：是一种形状如刀背的通省或开刀缝，如公主线即是一种特殊的通省，它最早由欧洲的公主所采用，在视觉造型上表现为展宽肩部、丰满胸部、收缩腰部。

部件名称	图示	部件名称	图示	部件名称	图示
串口		登闩	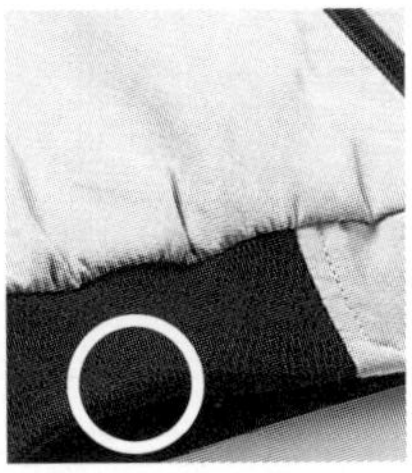	过肩	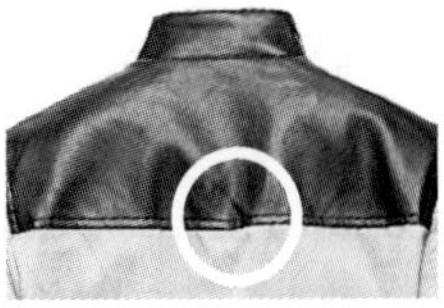
部件名称	图示	部件名称	图示	部件名称	图示
过面		褶	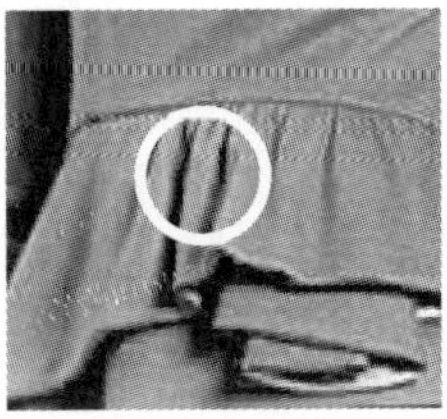	克夫	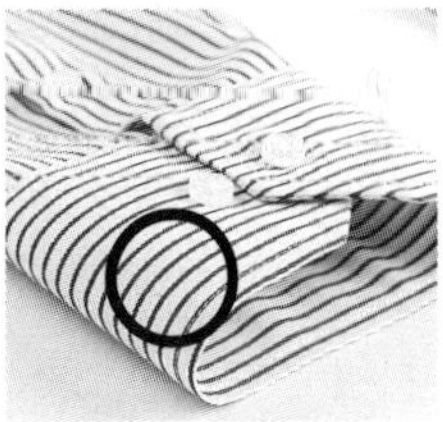
部件名称	图示	部件名称	图示	部件名称	图示
裥		分割缝	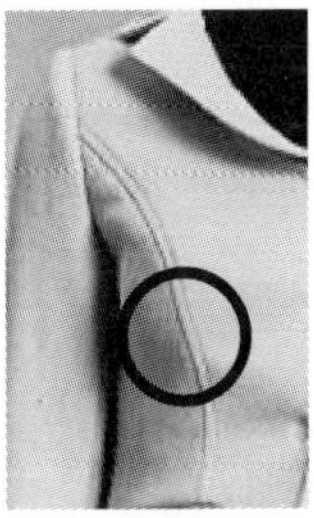	省	
部件名称	图示		部件名称	图示	
里襟	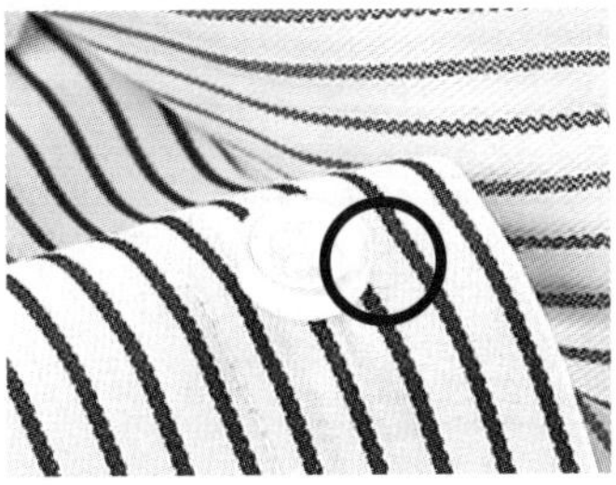		门襟	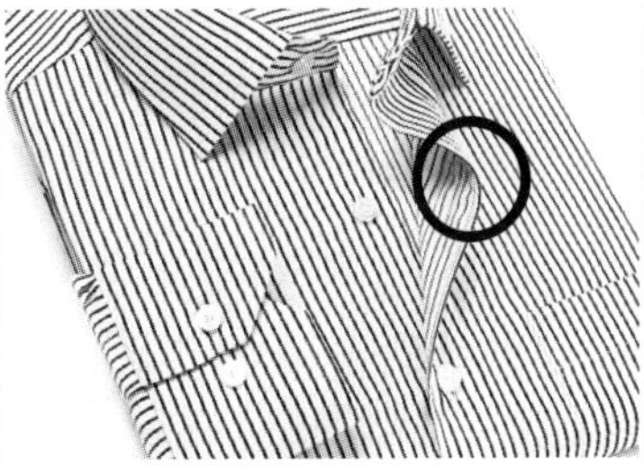	

图3-68　部分术语图示

（二）服装部位代号名称（表3-8）

表3-8　服装部分代号名称

部位名称	代号	部位名称	代号	部位名称	代号	部位名称	代号
衣长	L	腰围	W	中臀围线	MHL	侧颈点	SNP
裤长	L	肩宽	S	袖肘线	EL	胸高点	BP
裙长	L	领围	C	袖窿长	AH	袖肘点	EP
袖长	L	胸围线	BL	肩端点	SP		
胸围	B	腰围线	WL	前颈点	FNP		
臀围	H	臀围线	HL	后颈点	BNP		

（三）制图工具（图3-69）

1. 直尺：以公制为计量单位的尺子，一般以厘米为单位。

2. 角尺：两边成直角90°的尺子。

3. 弯尺：两侧分别为弧线状的尺子，主要用于绘制侧缝线、袖缝线等弧线。

4. 自由曲线尺：可以任意弯曲的尺，一般用来测量直尺不能测量的弧线长度，也可用来绘制弧线。

5. 比例尺：用来按一定比例缩小或放大绘制结构图的尺子。常见的有三棱比例尺，6种不同的比例。

6. 曲线板：服装专用的曲线板，用来绘制袖窿、袖山、侧缝、裆缝等部位的曲线。

7. 针管笔：绘图专用水笔，其常用的规格有0.3mm、0.6mm、0.9mm等几种，分别用来绘制结构线、轮廓线等。

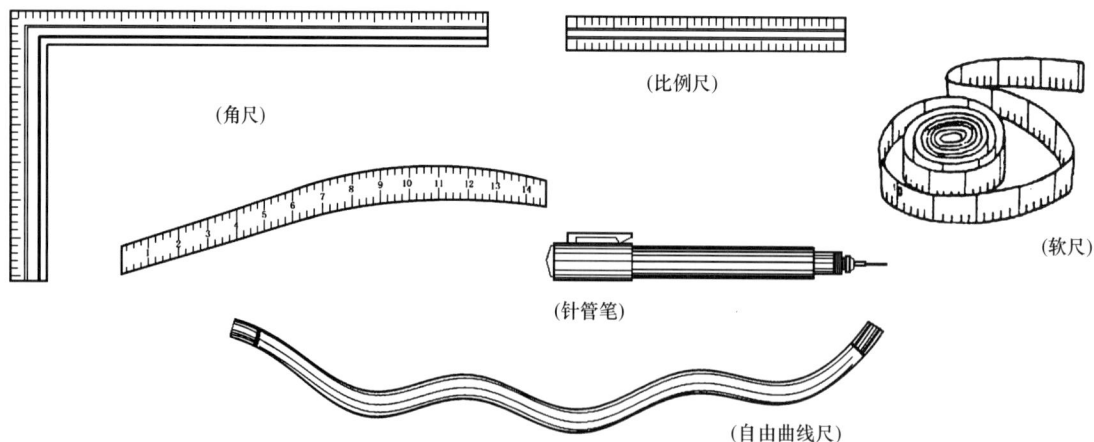

（角尺）（比例尺）（软尺）（针管笔）（自由曲线尺）

图3-69　制图工具

(四)服装衣片部位名称(图3-70)

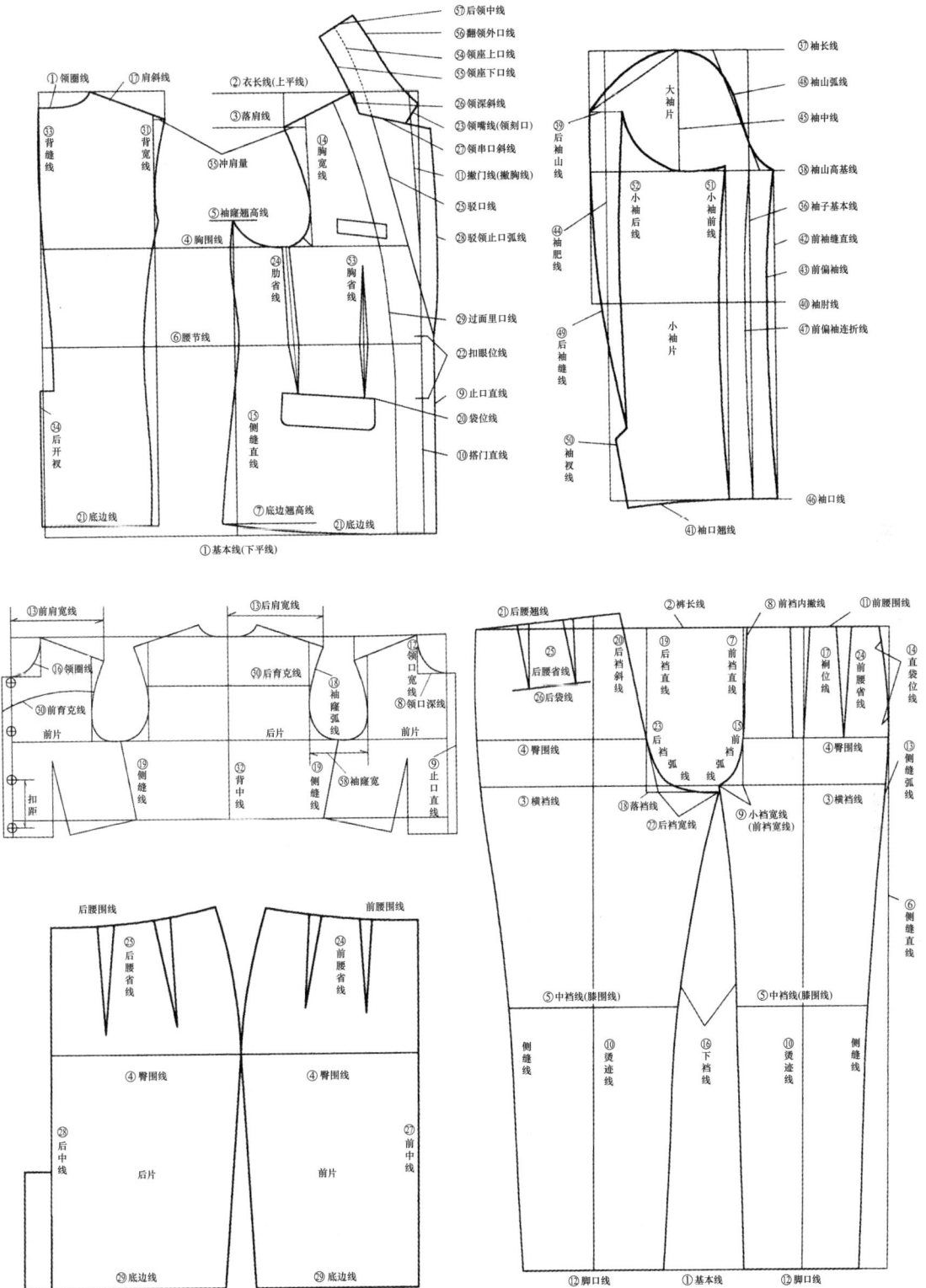

上衣前片(左上图)标注:
①领圈线 ⑰肩斜线 ②衣长线(上平线) ③落肩线 ㉖领深斜线 ㉓领嘴线(领刻口) ㉗领串口斜线 ⑪撇门线(撇胸线) 驳口线 ㉘驳领止口弧线 ⑬背缝线 ⑪背宽线 ⑮冲肩量 ⑭胸宽线 ⑤袖窿翘高线 ④胸围线 ㉔肋省线 ㉝胸省线 ⑥腰节线 过面里口线 ㉒扣眼位线 止口直线 袋位线 ⑩搭门直线 ⑮侧缝直线 ⑭后开衩 ㉑底边线 ⑦底边翘高线 ㉑底边线 ①基本线(下平线)

领子部位:
㊼后领中线 ㊻翻领外口线 ㊴领座上口线 ㊵领座下口线

袖片(右上图)标注:
⑰袖长线 ⑭袖山弧线 ㊺袖中线 大袖片 ㊸后袖山线 ⑱袖山高基线 ㊴袖子基本线 ㊷前袖缝线 ㊸前偏袖线 ㊴袖肘线 ㊷前偏袖连折线 ㉑小袖后线 ㉑小袖前线 小袖片 ㊸袖肥线 ㊵后袖缝线 ㊴袖衩线 ㊶袖口线 ㊶袖口翘线

中部前后片标注:
⑬前肩宽线 ⑬后肩宽线 ⑲领圈线 ㊵后育克线 ⑱袖窿弧线 ⑳领口宽线 ⑧领口深线 ㊵前育克线 前片 后片 前片 ⑮侧缝线 ⑫背中线 ⑲侧缝线 ㊹袖窿宽 ⑨止口直线 扣眼

裤子标注:
㉑后腰翘线 ②裤长线 ⑧前裆内撇线 ⑪前腰围线 ㉕后腰省线 ⑳后裆斜线 ⑲后裆直线 ⑦前裆直线 ⑰裆位线 ㉔前腰省线 ⑭直袋位线 ㉒后裆线 ④臀围线 ㉓后裆弧线 ㉕前裆弧线 ④臀围线 ⑬侧缝弧线 ③横裆线 ⑱落裆宽线 ⑨小裆宽线(前裆宽线) ③横裆线 ⑦后裆宽线 ⑥侧缝直线 ⑤中裆线(膝围线) ⑤中裆线(膝围线) 侧缝线 ⑩烫迹线 下裆线 ⑩烫迹线 侧缝线 ⑫脚口线 ①基本线 ⑫脚口线

裤子前后片标注:
后腰围线 前腰围线 ㉕后腰省线 ㉔前腰省线 ④臀围线 ④臀围线 ㉘后中线 后片 前片 ㉗前中线 ㉙底边线 ㉙底边线

图3-70 服装衣片部位名称

（五）制图符号（表3-9）

表3-9　制图符号

名称	符号	注释
制成线	——————————————	服装纸样制成以后的实际边线，也是本书所有纸样设计的图例中最粗的线
辅助线	——————————————	在图例中比制成线细的实线，起制图的引导作用
贴边线	—·—·—·—·—·—·—	贴边起牢固作用，主要在面布内侧，绘图时用点划线表示
等分线	··········	表示部位尺寸相等
尺寸相同符号	△ □ ○ ◎ ····	表示部位尺寸相等
长度符号	├——— Xxxcm ———┤	"×××"表示尺寸或公式，"cm"表示公制中的厘米
直角符号	⌐	表示两线垂直
重叠符号	✕	共处的部分为纸样重叠部分，在纸样制成时要分别画出
并合符号	—Ø—	表示两个局部纸样组合为一个完整的纸样
剪切符号	✂	指向部位为剪开修正部位
布丝线	←————————→	表示布料的顺直丝或顺毛方向
省	◁▷ ►|	省是一种合体的处理，有菱形省、丁字省等
活褶	⫽⫽ ⊿ ⫽⫽⫽ ⊥ ⫽⫽ ⊔	褶分为单褶、明褶、暗褶三种，打褶的方向总是斜线的上方倒向下方
缩褶	∿∿∿	表示容缩
拔开	⌃	表示使该处的布伸长
归拢	⌒	表示使该处的布缩短，与拔开正好相反
对位符号	⊓	也称剪口、牙口。保证在生产中各衣片之间的有效缝合
明线符合	=======	虚线表示明线的线迹，实线表示边缝

学习任务4　成衣号型标准与应用

一、任务书

根据表3-10尺寸分别写出对应号型。

表3-10　模特尺寸与号型

模特1（女体）	尺寸（cm）	号型	模特2（男体）	尺寸（cm）	号型
	身高–166 胸围–88 腰围–72 臀围–90	上装		身高–178 胸围–95 腰围–84 臀围–97	上装
		下装			下装

1. **能力目标**

具备给自己和别人挑选服装号型的能力，根据尺寸归档号型的能力。

2. **知识目标**

（1）掌握号型系列并能应用。

（2）能根据提供的数据归档号型，并初步制定号型系列。

（3）学习制图符号，能看懂服装结构图。

二、知识链接

（一）号型的意义

1. **号型定义**

"号"是人体的身高，以cm为单位，是服装结构设计和选用服装长短的依据。

"型"指人体的上体胸围或下体腰围，以cm为单位，是服装结构设计和选用服装肥瘦的依据。

2. **号型标志**

号型的表示法为号与型之间用斜线分开，后接体型分类代号。

（二）体型分类

以人体的胸围与腰围的差数为依据来划分体型，并将人体体型分为四类，体型分类代号分别为Y、A、B、C（表3-11、表3-12）。

表3-11　男子体型分类

人体体型代号	Y	A	B	C
胸围与腰围差（cm）	22～17	16～12	11～7	6～2

表3-12　女子体型分类

人体体型代号	Y	A	B	C
胸围与腰围差（cm）	24～19	18～14	13～9	8～4

与成人不同的是，儿童不划分体型。

（三）号型系列及应用

1. 号型系列定义

号型系列是服装批量生产中规格制定和购买成衣的依据。号型系列以各体形中间体为中心，向两边依次递增或递减组成。身高以5cm分档组成系列，胸围以4cm分档组成系列，腰围可以4cm或2cm分档组成系列。身高与胸围、腰围搭配分别组成5·4、5·3或5·2号型系列。

号：服装上标明的号的数值，表示该服装适用于身高与此号相近似的人。

型：服装上标明的型的数值及体形分类代号，表示该服装适用于胸围或腰围与此型相近以及胸围与腰围之差数在此范围之内的人。

根据大量实测的人体数据，通过计算，求出平均值，即为中间体。它反映了我国男女成人各类体型的身高、胸围、腰围等部位的平均水平，具有一定代表性（表3-13）。

表3-13　南北方中间体数据参考　　　　　　　　　（单位：cm）

性别	地区	身高	胸围	腰围
男	南方	169	90	80
男	北方	172	93	85
女	南方	158	85	73
女	北方	161	88	76

在设计服装规格时，必须以中间体为中心，按照一定的分档数值，向上下、左右推档组成规格系列。但是，中心号型是指在全国范围内而言，各个地区的情况会有差别。所以，对中心号型的设置应根据地区的不同情况及产品的销售方向而定，不能一概而论地照搬某套数据，但是规定的系列不能变（表3-14）。

表3-14　男女体型的中间体设置　　　　　　　　　（单位：cm）

体型		Y	A	B	C
男	身高	170	170	170	170
	胸围	88	88	92	96
女	身高	160	160	160	160
	胸围	84	84	88	88

2. 号型应用

号型的实际应用，对于每个人来讲，首先要了解自己是属于哪种体型，然后看身高和净胸围、净腰围是否和号型设置一致，如果一致则可对号入座，如有差异则可采用近距离取数法，具体方法如下（表3-15）。

表3-15　号型应用 （单位：cm）

身高	162.5 163~167	167.5 168~172	172.5 173~177	177.5……
选用号	165	170	175	……
胸围	82 83~85	86 87~89	90 91~93	94……
选用型	84	88	92	……

考虑到服装造型和穿着的习惯，某些矮胖和高瘦体型的人，也可以选择大一档的号型。

儿童正处于长身体阶段，特别是身高的增长速度大于胸围、腰围的增长速度，选择服装时"号"可以大1~2档，"型"可不动或大一档。

小贴士：对服装企业来说，在选择和应用号型系列时应注意以下几点：

必须从标准规定的各系列中选择适合本地区的号型系列。

无论选用哪个系列，必须考虑每个号型适应本地区的人口比例和市场需求情况，相应安排生产数量。各体型人体的比例，分体型、分地区的号型覆盖率可以参考有关服装号型覆盖率的参考数据，同时注意要生产一定比例的两头的号型，以满足各部分人的穿着需求。

标准中规定的号型不够用时，虽然这部分人占的比例不大，但是也可以扩大号型设置范围，以满足他们的需求。扩大号型范围时，应按照各系列规定的分档数和系列数进行。

任务四　成衣生产管理

任务描述

成衣生产的发展变革与服装缝纫设备的发展是密不可分的。成衣、单件服装、成衣工艺是三个不同的概念。通过本节的学习，让学生了解并能区分这三个基本概念。同时通过学习，使其对成衣工艺的发展简史及我国成衣业的发展概况有清晰、正确的认识。为今后立足本专业发展，给自己一个正确的定位，树立信心，也为我国服装业未来的变革及发展壮大贡献一份力量。

能力目标

（1）能用简洁的语言，正确区分成衣、单件服装、成衣工艺。
（2）能准确说出成衣发展的四个历经阶段，并能说出不同阶段成衣工艺的基本特征。
（3）能概括说出我国成衣业的整体发展概况及目前所面临困难和问题的四大特点。

知识目标

（1）了解成衣、单件服装、成衣工艺的概念。

（2）了解成衣工艺的发展阶段。

（3）了解我国成衣业的现状概况及目前面临的问题和困难。

学习任务1　成衣工艺发展简史

一、任务书

通过观察表3-16中的四张图片，请说出它们分别处于成衣发展史中的哪个阶段，并填入表中。

表3-16　成衣发展阶段

1. 能力目标

能够正确区分成衣、单件服装、成衣工艺三个不同的概念。

2. 知识目标

（1）了解成衣、单件服装、成衣工艺的概念。

（2）能简述成衣与单件服装的区别。

（3）了解成衣工艺的发展历经阶段。

二、知识链接

（一）基本概念

成衣（Ready-to-wear；Ready-made clothes），即缝制好了的衣服。通常指按一定规格、号型标准批量生产的成品衣服，是相对于量体裁衣式的定做和自制的衣服而出现的一个概念。一般来讲，成衣尺寸是系列尺寸，可以简化制作程序，提高效率，也可进行批量生产，且批量款式一定，并对批量生产的加工工艺技术及服装生产的各道工序有一定的标准，价格相对比较合理。

单件服装是指根据某人的尺寸而制成的衣服。它的特点是做工精细，服装款式可以选择，也可以自己确定，但是价格比较贵，通常只能生产一件或几件。

成衣工艺是指按照所预先设计好的生产工艺进行批量生产服装的工艺。

（二）成衣工艺发展简史

成衣工艺作为服装生产的技术手段，其发展趋势与服装设备的发明、应用密不可分，经历了从低级阶段向高级阶段发展的过程，即由手工作坊逐步向成批量生产及专业化生产方向迈进的阶段。其发展历程可概括为以下几个阶段：

1. 原始阶段（约在一百万年前）

远在一百万年前的原始社会，我们的祖先用树叶和兽皮做服装材料，最初用石针、骨针在树叶或兽皮上穿孔，然后用兽筋或草藤做线将其缝制起来，包裹在身体上作为护体御寒的衣物，这也是人类最早的服装。

2. 古代阶段（约在14世纪～18世纪末）

随着人类社会的发展和进步，到了14世纪铁器时代，出现了铁针，人们就开始用铁针缝制衣物。生产力的提高及商品经济的发展促使手工作坊开始出现。但是用手针来缝制衣服是一项十分烦琐的劳动，须经过成千上万次的穿刺才能完成。

3. 近代阶段（约在19世纪～20世纪初）

1790年，英国人托马斯·赛特（Thomas Saint）发明了单线链式线迹缝纫机，它是世界上出现的第一台缝纫机。这台缝纫机是用木材做机体，部分零件用金属制造；1851年，美国机械工人梅里特·胜家（Isac Merit Singer）设计和制造了第一台金属材料的家用缝纫机；1859年的胜家公司发明了脚踏式缝纫机；1882年又发明了双线机缝缝纫机。在托马斯和爱迪生发明了电动机后，1889年，胜家公司又发明了用电动机驱动的缝纫机；20世纪20年代缝纫机性能逐步完善，速度提高，缝制质量稳定；30年代，包缝机问世；40年代，三针机、滚领机、绷缝机、锁眼机等专用设备纷纷问世，开创了服装机械及服装工业发展的新纪元。成衣工艺也随之发生了变化，手工操作进入了人力机械操作时代，大大提高了生产效率。

4. 现代阶段（约在20世纪60年代～至今）

由于受高科技和世界新潮服装需求的强大冲击，服装设备得到不断地发展。1965年，美国胜家发明了自动剪线缝纫机；20世纪80年代，日本、美国、德国都出现了数控工业缝纫机；目前，电动裁剪设备、缝纫专用设备、整烫定型设备等已能够取代手工制衣的剪刀、手缝、熨烫等；服装CAD、CAM系统、自动铺料机、自动预缩机、自动开袋机、自动吊挂流水系统等先进生产设备已与电子领域相结合广泛应用于成衣生产当中，大大提高了生产效率；同时网络销售平台的开发及应用（网络购物、电视购物等），以及快速的物流与快递发货方式，也大大拓宽了成衣的销售渠道。先进设备的发展，进一步推动了成衣工艺的发展，这些信息告诉我们成衣化生产的工业化时代已经到来，成衣化生产朝向自动化、信息化、网络化发展的方向势不可挡。

作为新时代热爱服装行业的年轻一族，只有迎合时代发展之需，树立正确的学习观念，脚踏实地，掌握扎实的基本功及一定的专业技术，不断提高自身的综合素质，才能在成衣工业发展的快速时代不被行业发展需求所淘汰。

学习任务2　我国成衣业的现状概述

一、任务书

请简要概括出目前我国成衣业的发展状况及发展趋势。

1. 能力目标

培养学生观察、思考、分析及解决问题的能力。

2. 知识目标

（1）了解我国成衣业的现状概况及成衣生产的基本流程。

（2）了解我国成衣业目前面临的问题和困难及今后发展变革的方向。

（3）了解我国成衣业对人才的需求状况。

二、知识链接

（一）我国成衣业的发展现状

1. 我国成衣业的发展历程及发展方向

新中国成立前，我国的服装还是手工作坊的定制状态，还没有成衣业。新中国成立后，尤其是改革开放以来，我国成衣业开始有了突飞猛进的发展。经历了从无到有，从弱小到壮大，从加工贴牌生产到创自主品牌，从创自主品牌向国际名牌迈进的艰难发展历程。

随着先进的缝纫加工设备和高科技自动化设备在生产过程中的推广及广泛应用（如先进的自动化吊挂流水线及计算机辅助设计等），再加上人们的消费观念日趋成熟，消费也越来越理性化，促使成衣生产向专业化、系统化、自动化、高速化、功能型、健康环保型的方向发展。

2. 我国成衣业的主要生产模式及生产流程

目前，在我国无论是国有、集体、私有或合资服装企业，由于受生产规模、生产设备、研发能力、技术水平等诸因素的影响，其成衣生产的主要模式概括起来主要有三种：一种是以外来加工为主的模式（如：外贸加工企业）；另一种是集产品研发、加工、销售、服务为一体的一条龙服务模式；还有一种是企业以研发为主，为了生存也辅助加工其他服装品牌的模式。无论是哪种模式或生产何种服装（如：机织、针织、皮草类等），其生产的具体流程和工艺虽不尽相同，但大的生产流程却大同小异。现以研发为主的服装成衣生产企业为例，把其生产流程以流程图的形式表现出来，以供参考（图3–71）。

（二）我国成衣业目前面临的问题和困难

成衣业在我国的国民经济中虽占据着重要的地位，产量与消费量均居世界首位，但我国成衣化的整体质量与发展水平同其他成衣化程度较高的国家相比差距还很明显。随着国际大环境及市场需求的变化，我国成衣业的发展增速明显放缓，其发展状况也面临很多问题和困难。概括起来有以下几点：其一，产量大，但产业分布不均衡。目前我国服装的主产区主要集中在浙江、福建、广东、江苏、河北等地。近80%的成衣产品都集中在东南沿海省份，这些地区形成了众多以产品品种为导向的区域性产业集群，发展速度明显高于其他地区。而中西部地区的服装产业还比较落后；其二，成衣的整体设计创新能力还存在不足，目前，许多自主服装品牌企业缺乏对消费者、对不同等级市场需求的研究，导致产销不协调，造成库存增加；其三，我国成衣生产人才的整体队伍还非常贫乏；其四，服装产业结构链与管理水平参差不齐。

面对现状，我国成衣行业的发展正面临着一场巨大的变革和考验。即从数量到效益的转型期，行业将走向技术创新、组织创新和商业模式创新的变革期，也是行业从大国到强国的锻造期。经过调整和变革后，我国成衣业将迎来一个全新的发展时期。面对招工难、技术人才匮缺的现状，企业也会想法改善工人的就业环境、就业待遇，为技术人才提供更为广阔的发展空间。这对于热爱服装行业的学生来说，既是一场挑战也是一次大好机遇。

思考题

（1）简述平纹组织、斜纹组织、缎纹组织的组织特点、织物特点及其应用。

（2）简述纬编针织物的基本结构。

（3）简述经编针织物的基本结构。

（4）简述针织物的特点。

（5）简述天鹅绒的组织结构特点及织物风格、用途。

（6）市场调研：了解市场上针织服装的品种、花色、及流行元素。

（7）简述常见纤维的燃烧特征、气味和灰烬。

（8）收集面料若干块，分别用感官识别法、燃烧识别法识别服装原料并说明理由。

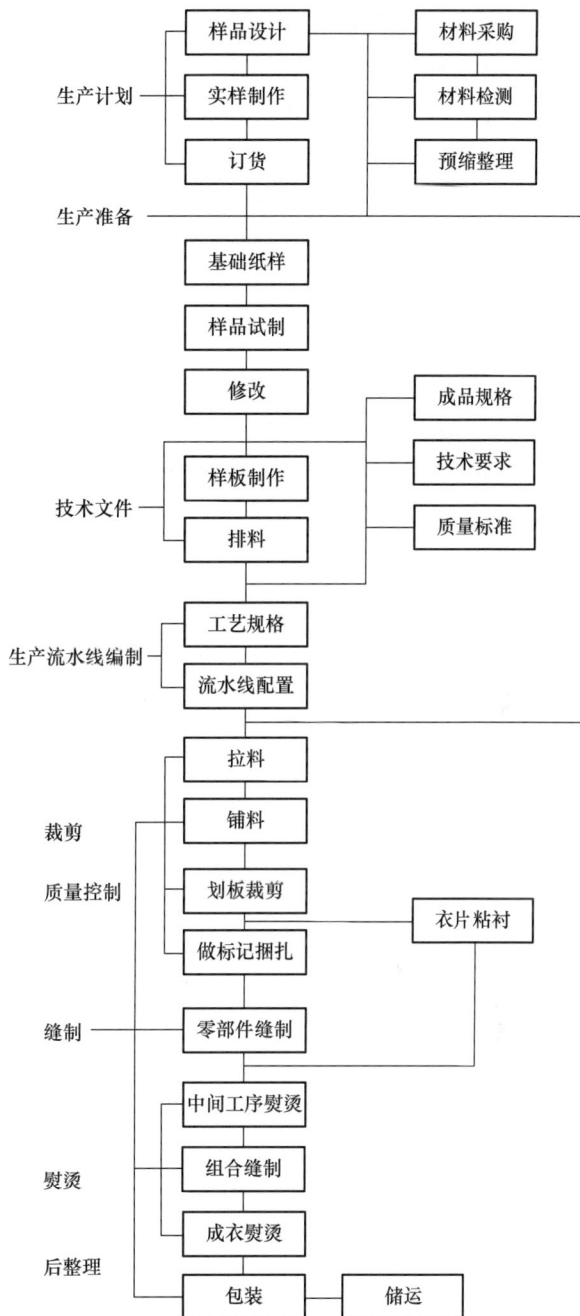

图3-71 服装生产流程图

（9）如何理解服装设计中的变化与统一。

（10）分别运用节奏与韵律、省略与夸张设计搭配一款时装。

（11）寻找三幅不同时装大师的设计作品，根据服装设计的形式美法则，进行分析。

（12）简述点的概念及其在服装上的运用。

（13）根据点、线、面、体的构成概念，用纸、坯布在人体模型上练习基本的服装造型，理解人体空间形态和服装造型的基本关系。

（14）选择身边的一位同学，结合点、线、面、体的构成原理，为该同学设计合适的服装款式。

（15）简述A型、H型、X型、V型服装廓型的特点及其风格效果。

（16）运用四大廓型进行服装款式设计练习，手绘两张正、背面款式图。

（17）简述服装设计完成的基本流程。

（18）上网搜集、分析近两年服装款式、色彩的流行趋势。

单元四

服装流行与预测

服装流行与预测

单元名称：服装流行与预测

单元内容：服装往往在人们的个性表现和社会规范之间起着平衡协调的作用，流行则是在不同时代环境条件下对这一特征的充分反映。通过了解服装的流行、流行趋势的发布、预测及评论，对服装有全面的基本认识。

教学时间：4课时

教学目的：具备服装流行相关知识，能综合运用于服装评论中。

教学方式：理论+实践

课前课后准备：课后阅读拓展相关专业书籍，课前去市场调研。

单元四 服装流行与预测

任务一 服装的流行

任务描述

服装流行是指以服装为对象、在一定时期、一定地域或某一群体中广为传播的流行现象。服装流行形式则是指服装流行的样式。本单元对流行定义、分类方式及流行形式进行展开和学习。

能力目标

（1）具备理解和洞察服装流行概念的能力。

（2）归纳总结服装流行形式类别的能力。

（3）具备理解服装流行形式概念的能力。

（4）具备观察总结服装流行形式的能力。

知识目标

（1）掌握服装流行的定义及分类。

（2）理解并掌握服装流行的形式。

学习任务1 流行的定义及分类

一、任务书

辨识服饰流行类型并填入表4-1中。

表4-1 服饰流行类型

1. 能力目标

（1）能够理解和洞察服装流行的概念。

（2）学会归纳总结服装流行形式的类别。

2. 知识目标

（1）了解服装流行的定义及分类。

（2）理解并掌握服装流行的形式。

二、知识链接

服装往往在人们的个性表现和社会规范之间起着平衡协调的作用，流行则是在不同时代环境条件下对这一特征的充分反映。因而，每一种新的服装能否达到流行，取决于接受者。流行的形式是复杂的，各种不同的社会环境，不同的自然气候，都能产生不同规模的流行。通过本节任务的学习，掌握服装流行的定义及分类，理解掌握服装流行的形式，进而深入分析影响服装流行的因素和服装流行的规律，从而更好地进行服装流行的预测。

（一）流行

所谓流行，是指在一定的历史时期，一定的数量范围，受某种意识的驱使，以模仿为媒介而普遍采用某种生活行为、生活方式或观念意识时所形成的社会现象。

流行的内容相当广泛，不过，人们一般所说的流行主要指服饰的流行，因为服饰的文化作为人类社会文化的一个重要的组成部分具有表征性特色，服饰文化的流行在诸多流行现象中表现突出，它不仅是物质生活的流动变迁和发展，而且反映了人们世界观和价值观的转变。

流行的起因很多，对美的、新奇的追求；对生活的、经济实用性的寻觅；对精神的满足等，都是产生追求的原因。现代社会中，主要多是出于商业和经济上的人为创造。

（二）流行的主要类型

服饰的流行是一个连续的过程，过去、现在和未来都有着密切的联系。不同的时代、不同的社会、不同的宗教，人们一定有着不用的时代思想和不同的物质需求，当然也一定有着代表某种意义的时代服饰。不同时代的服饰各具风格和形式。从服饰流行的发展规律来看，大体可分为以下三种类型。

1. 自然回归型的流行

一个流行诞生后，逐渐成长，为人们所广泛接受到达极盛期，接着沿着衰落的道路下滑最后消失或转变为另一种流行，是具有周期性变化规律可循的一种流行。

2. 不规则型的流行

服装流行不可避免地受到社会、经济、文化思潮的变动，动乱、和平的影响，因而产生不规则的流行，这样的流行没有固定的规律可循。

3. 人为创造型的流行

在现代社会中，每个消费者出于不同的目的对流行关心，但是，真正独立思考还属少数，大多数人习惯于随波逐流，这样形成的流行就是人为创造的流行。它是生产、流行和传媒等多个部门直接参与，科学创造，有计划的占有市场和控制市场的有效手段。

■ **特别提示**

服装的规律性变化

因为地域文化、时代、民族、文明程度、宗教信仰等的不同，服装的变化形态是很复杂的。我们将这些变化的原因系统加以整理，可以发现它们之间的共同点，并将其归纳为几大类。在每个大类里面，集中不同的小类所共有的变化样式，而这个特有的共同变化样式就是支配每个服装变化的基准。在服装变化的基准下，包括古今中外服装变化的一切现象，而各个类型服装共同的基准则概括了服装类变化的规律。

服装变化的要素有时间、地域、人、物类四种。时间是指历史时代，年代条件；地域是指地区、地点、某个地方等；人指民族的不同、人种、具体的人、人的心理、人的精神文化等；物类指服装所需的物料等。

英国服装史学家詹姆斯·拉弗（James Laver）就曾将服装流行的走向织成一张有趣的时间表。他认为，服装大致以150年为一个大周期，周而复始反复流行（图4-1）。日本服装学者吉川和志根据自己多年的研究发现：大致12年为一个周期，每个周期又分为7年和5年。诚然如此，许多学者还在研究这个课题。

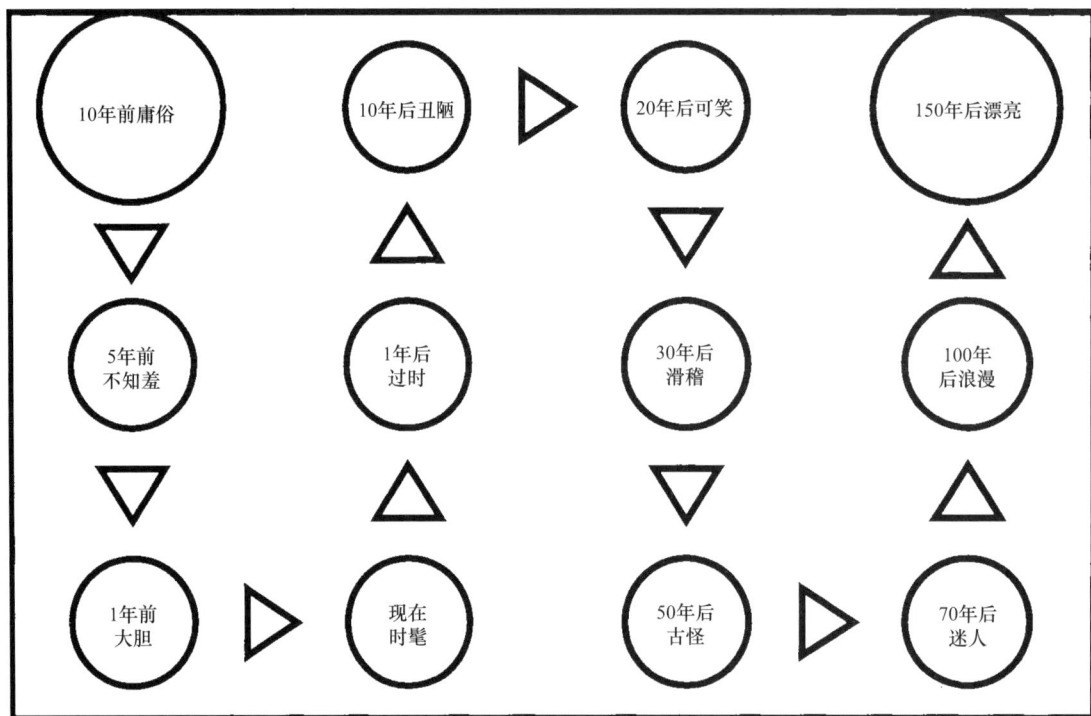

图4-1 服装流行周期表（英·詹姆斯·拉弗）

三、学习拓展

流行与服装设计

我们身处于一个流行的时代。这种流行不只浮现于生活的表面，而是已经深深渗入现代人的观念中。现代的人们无时无刻不在与流行接触，周围的一切都在随着流行而变化。所以在现代社会，服装也不可避免地要受到流行的左右。因此，在设计上就不能抛开流行这个大的背景来进行考虑。社会每一时期有每一时期不同的风格特征。受流行的影响，人们的着装风格在变，审美趣味在变，如果不及时跟上时代的节奏，就立刻会显出与周围的事物格格不入。因此服装设计必须考虑流行的要素。

学习任务2　流行的形式

一、任务书

辨识服饰流行形式并填入表4–2中。

表4–2　服饰流行形式

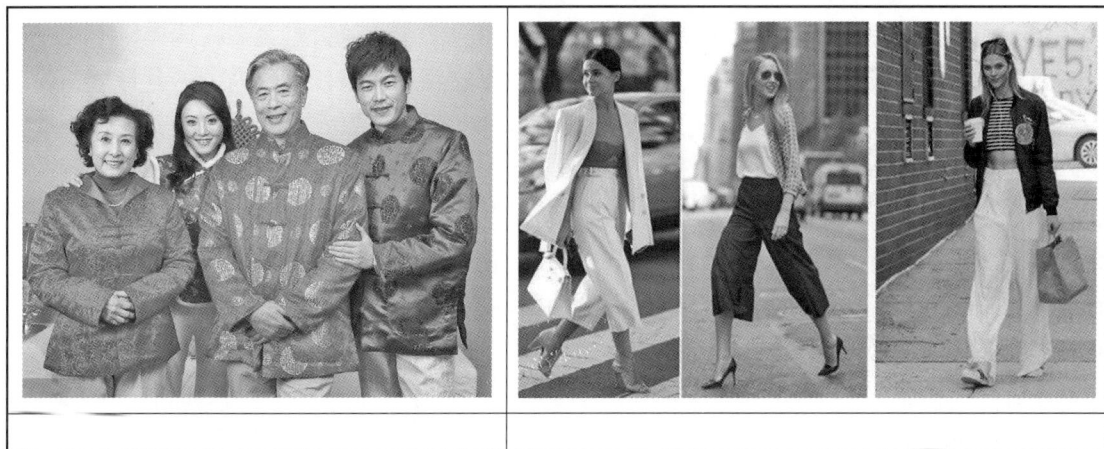

1. 能力目标

（1）能够理解服装流行形式的概念。

（2）学会观察总结服装流行形式。

2. 知识目标

（1）了解服装流行的概念。

（2）理解并掌握服装流行的形式。

二、知识链接

流行的形式是复杂的，各种不同的社会环境，不同的自然气候，都能产生不同规模的流行。

（一）流行的形式

所谓服装流行的形式，是指在一定的历史时期、社会环境中，服装潮流影响人们的选择所采用的方式或途径。

（二）流行的主要形式

服装流行形式是服装流行的样式。不同的服装理论说法不一。一般服装流行的形式可以用三种流行理论加以解释。

1. 自上而下的流传形式

1904年，由乔依·思米尔提出。他认为，社会的形式，包括服装、美的判断、语言以及所有人类的表达形式，都是以流行的方式流传的，而这种方式仅仅影响上层社会，一旦流传到下层社会，并由其开始模仿、抄袭、复制，上下界限被打破，上层社会的统一被破坏，上层就会放弃，去追求一种新的表达形式（服装），而流行在下层却正在发展，这样就使服装不断更新。

2. **自下而上的流传形式**

某种服装在下层社会中产生并首先在本阶层中流行，目的是为了方便生活、方便工作，但由于其独特性、优美的艺术性以及日常生活的相关性被上层社会所接受。其显著特点是自下而上的运动，这种现象产生的根源在于下层社会，这是由于自发地产生于劳动阶层之中的某种服装，经过长期使用，使人们逐步认识到它的功能作用，并形成相应的审美经验，从而成为流行趋势，最后被社会广泛接受。

这种流行趋势的影响最大，持续时间最长，由于它是逐步演化完善的，一旦形成，便长期稳定。由这种方式产生的流行服装往往是一个时期的典型代表。

3. **水平的流传形式**

由于工业化大批量生产的特点及新闻媒体传播的大众性，使得新颖服装款式的信息，可以同时达到所有阶层，即流行在各阶层同时出现。流行的真正引导者来自每个人自己所处的社会阶层或社会团体。其特点还在于必须在商品社会中产生，开始就产生出极大影响与较大规模，但持续时间短，起得快，落得也快，形成流行的常见趋势。

三、学习拓展

牛仔裤的由来

1850年，美国西部出现了淘金热。这时，远在德国的利维·斯特劳斯的两位哥哥也想到美国去发财。大哥临走时对利维说："我发了财，就来接你。"二哥动身时则劝利维不要着急："我去美国碰碰运气，你等着。"就这样，两位哥哥先后离开家，淘金去了。

利维在家等待，一直等了5年，还不见两位哥哥回来。他心想："我已长成大人了，还是自己去闯天下吧！"于是，他凑足了路费，也到美国去淘金。

他把积蓄的钱买了日用品和衣服等，装了一帆船，运到了旧金山。果然不出所料，那儿的金矿区物品缺乏，他船上装的货物很快就售完了，赚到不少钱。

货卖完了，他就到矿区了解矿工们还需要什么货。他看见矿工们的衣服都撕得开裂破碎，就和矿工聊天，问情况。一位矿工抱怨说："跑遍旧金山，买不到一条结实的裤子。"原来，矿工们在矿上采矿，衣服经常会被那些楞角尖锐的石头划破和磨损，他们需要结实的裤子。

利维听到矿工们诉说后，灵机一动，就把原来准备做帐篷用的留在船上的几卷粗帆布搬出来，并很快找来一个裁缝，用这些既结实又厚的帆布缝制成各种不同尺码的裤子。几百条裤子做好了，矿工们很喜欢，一天工夫裤子就全部卖完了。

他当然很高兴，很快又运来了许多粗帆布制作裤子。矿工们除了说出这种裤子的优点外，还提出了不足之处。他们对利维说："这裤子好是好，就是裤子口袋不牢"。利维一了解，原来矿工们在口袋里装金砂和矿石，沉甸甸的东西常将口袋撕落下来。于是，利维就和裁缝商量，在口袋的四个角用铜铆钉固定，这样口袋就不易撕落了。另外，还用皮革为口袋镶上边，又采用结实的线来缝制，使裤子结实耐穿。

利维很有心计，经常听取人们对这种裤子的意见。如果发现青年矿工喜欢的新式样，就请裁缝学习仿制。这样，最初的裤子就改进成低腰身、兜紧贴臀部的样式，穿上看去显得精悍、粗犷、有精神，立即受到矿工们的欢迎。这种本来专门为矿工设计的劳动裤子，渐渐地在美国西部被普遍接受，并流行起来，成为大众的新装，而且特别受到西部放牧青年的喜爱。此后，这种裤子便获得了一个新名字，人们都叫它"牛仔裤"。

1871年，利维·斯特劳斯为自己的牛仔裤申请了专利，并成立了"利维·斯特劳斯公司"，专门制作销售牛仔裤。后来，这个牛仔裤公司发展成为国际性公司，产品遍及世界各地。

第二次世界大战期间，美国当局把牛仔裤指定为美军的制服，大批牛仔裤随盟军深入欧洲腹地。战后士兵返回美国，大量积存的牛仔裤在当地限量发售，由于这种裤子美观、实用、耐穿，价格又便宜，所以在当地大受欢迎。于是欧洲本地的工作服制造商纷纷争相仿效美国的原装货色，从而使牛仔裤在欧洲各地普及、流行开来。美国好莱坞的影视娱乐业对带动牛仔裤的国际流行风潮起了不可低估的作用。20世纪50年代期间的著名电影如《无端的反抗》《天伦梦觉》等，片中的主角都穿着舒适、大方的牛仔裤，在那些大牌明星引导潮流的影响下，成为当时一种时尚的标志，并迅速在世界范围内流行。

如今的牛仔裤已经流行了100多年，它不仅没有被时间淘汰，反而成为时代的宠儿，遍布世界各地。

任务二　服装流行趋势的发布

任务描述

服装流行趋势是社会经济和人们思潮发展的产物，体现了整个时代的精神风貌，国内外流行趋势的发布都受到其特定历史文化背景的影响。本次学习通过对国内外服装流行趋势发布概况的了解，归纳总结国内外流行趋势发布的重要性及影响其发布的因素。

能力目标

（1）理解国外服装流行趋势发布的重要性。

（2）归纳总结影响国外服装流行趋势发布的因素。

知识目标

（1）了解法国、美国和日本的服装流行趋势发布概况。

（2）理解并掌握服装流行趋势发布的形式。

（3）了解国内服装流行趋势发布概况。

学习任务1　国外服装流行趋势发布

一、任务书

了解国外服装流行趋势发布概况，并结合流行色发布，流行元素写出当年国外流行趋势调研报告一份。

1. 能力目标

（1）理解国外服装流行趋势发布的重要性。

（2）学会归纳总结影响国外服装流行趋势发布的因素。

2. 知识目标

（1）了解法国、美国和日本的服装流行趋势发布概况。

（2）理解并掌握国外服装流行趋势发布的形式。

二、知识链接

服装流行趋势是市场经济，也可以说是社会经济和人们思潮发展的产物，它在收集、挖掘、整理并综合大量国际流行动态信息的基础上，反馈并超前反映在市场上，引导生产和消费。因此，服装流行体现了整个时代的精神风貌，包含社会、政治、经济、文化、地域等多方面的因素，它是与社会的变革、经济的兴衰、人们文化水准、消费心理的状况以及自然环境和气候的影响紧密相连的。

服装流行的时效性非常强，流行的周期也非常短。当代服装的设计越来越侧重于向实际生活靠近，而服装并不仅仅只是作为艺术品。著名的时装品牌创始人范思哲曾经说过："任何服装设计师都不可能住在象牙塔里面设计时装和艺术品，你必须要在实际生活中找到灵感进行设计。"服装设计师通过各种各样的方式了解本季和下一季的流行趋势，然后再结合对流行趋势的分析，进行服装的设计与定位。服装之所以会流行，是因为服装既符合潮流趋势，又符合着装者对服装的要求，服装的风格特点、色彩、材料、款式、衣型等各个方面均适应社会流行趋势。

在西欧服装工业发达的国家中，对于服装流行的预测和研究早在20世纪50年代就开始了。经历了以服装设计师、服装企业家、服装研究专家为主的预测研究，到以本国的专门机构为主向国际组织互通情报，共同预测发展过程。同时，在预测方法上，经历了从以专家的定性为主的预测，到以现代预测学为基础的计算机应用的预测过程，形成了一整套现代化的服装预测理论。

欧洲的行业协调组织不论是纱线还是衣料协调组织，都是以最终产品作为自己研究流行趋势的主线。在纱线、衣料博览会上，也都是以成衣流行趋势作为流行的主要内容进行宣传。

在世界范围内，较有影响的纱线博览会有英国的纱线展；衣料博览会则以德国的杜室尔多夫的依格多成衣博览会（分女装、男装、童装、运动装博览会）最为著名；成衣博览会主要有法国巴黎的成衣博览会等。上述各协调组织一般拥有众多的成员。如法国的女装协会和男装协会，除了拥有本国的成员外，还有欧洲其他国家及美国、加拿大、日本等国的成员，成员的增多使协调组织的权威性也大大提高，预测流行趋势的准确性也不断提高。

（一）法国

法国的纺织业、成衣业之间的关系比较融洽。这与他们近几十年来成立的各种协调机构有着密切的关系。20世纪50年代，法国纺织业、成衣业互不通气，生产始终不协调，难以衔接，后来相继成立了法国女装协会、法国男装协调委员会及罗纳尔维协会等组织。这些众多的协调组织，在纺织、服装与商界之间搭起了许多桥梁，使下游企业能及时了解上游企业的生产及新产品的开发情况，上游行业则迅速掌握市场及消费者的需求变化。

法国的服装流行趋势的研究和预测工作主要由这些协调机构进行。由协调机构组成的下属部门进行社会调查、消费调查、市场信息分析。在此基础上再对服装的流行趋势进行研究、预测、宣传。大概提前24个月，首先由协调组织向纺纱厂提供有关流行色、纱线信息。纤维原料企业向纺纱厂提供新的纺纱原料，然后由协调机构举办纱线博览会。会上主要介绍织物的流行趋势，同时织造厂通过博览会，了解新的纱线特点及将要流行的面料趋势，并进行一些订货活动。纱线博览会一般提前18个月举行，半年之后，即提前12个月举办衣料博览会，让服装企业了解一年半后的流行趋势及流行衣料，同时服装企业向织造企业订货。再过5个月，即提前半年，由协调机构举办成衣博览会。成衣博览会是针对商界和消费者的，它将告诉商业部和消费者，半年后将流行什么服装，以便商店、零售商们向成衣企业订货。但近几年来，国际上的纺织服装专业展会竞争非常激烈，每年大大小小的区域性和国际性展会多达几百个，有的展会就缩短了间隔时间，一年举办两次发布会。

（二）美国

美国主要通过商业情报机构如国际色彩权威机构（专门从事纺织品流行色研究的机构），提前24个月发布色彩的流行趋势。这些流行信息，主要针对纺织印染业。美国的纺织上游企业根据这些流行情报及市场销售信息，提前生产出一年后将要流行的面料，主动提供给下游企业——成衣制造业的设计师。而设计师设计一年后的款式时，第一灵感来自于面料商提供的面料。这些面料一方面让服装设计师们进行挑选，同时面料商也根据市场信息做一些适当的调整，还为设计师进行一条龙服务。

除了国际色彩权威机构以外，美国还有本土的流行趋势预测机构即美国棉花公司。美棉主要对服饰及家居流行的趋势做长期预测，它的流行市场服务的全面性在所有公司也算是一绝，这奠定了其在色彩与织布等方面的权威地位。

美国的一些成衣博览会和发布会是针对批发商、零售商和消费者的，它向商界和消费者宣布下一季将会发行何种服装。总之，美国是通过专门的商业情报对纺织品、服装的流行趋势进行研究、预测，帮助上、下游企业自行协调生产。

（三）日本

日本是一个化纤工业特别发达的国家，这使日本以一种独特的方式进行服装流行趋势的研究预测。在日本较有实力的纺织株式会社（如钟纺、高人、东洋纺、旭化成、东丽等公司）都专门设有流行研究所和服装研究所。这些研究所的任务就是研究市场、研究消费者、研究人们生活方式的变化、分析欧洲的流行信息，并根据流行色协会的色彩信息，研究出综合的成衣流行趋势。这些纺织公司得出衣料流行趋势的主题后，便在公司内部及业务关系中的中、小型上游企业进行宣传，并生产出面料，再举行本公司的衣料博览会，或参加日本的衣料博览会，如东京斯道夫（Tokyo Stoff）、京都的IDR国际面料展，宣传成衣流行趋势，并向成衣企业推荐各种新面料，接收服装企业的订货。服装企业则根据信息生产各类成衣，再通过日本东京成衣展或大阪国际时装展向市场和消费者提供流行时装。

三、学习拓展

顶级时装秀主要在巴黎、伦敦、米兰、纽约定期举行，时间会在官网上公布。时装秀一般分为定制、成衣、男装三大类，时间各有不同。下面罗列的是这四个时装秀的官网，从里面可以知道历届以及最新时装发布日期，还可以获得申请参加时装周的联系方式：

巴黎：www.modeaparis.com（法文/英文）

伦敦：www.londonfashionweek.co.uk（英文）

米兰：www.cameramoda.it（意大利文/英文）

纽约：www.olympusfashionweek.com（英文）

米兰时装周是国际四大著名时装周之一（即米兰、巴黎、纽约、伦敦时装周），在四大时装周中，米兰时装周崛起的最晚，但如今却已独占鳌头，聚集了时尚界顶尖人物、上千家专业买手和来自世界各地的专业媒体，这些精华元素所带来的世界性传播远非其他商业模型可以比拟的。意大利米兰时装周一直被认为是世界时装设计和消费潮流的"晴雨表"（图4-2）。

图4-2　2015春夏Dolce & Gabbana米兰女装发布会

四大时装周每年举办2次，分为春夏时装周（9月～10月上旬）和秋冬（2月～3月）时装周每次在大约一个月内相继举办300余场时装发布会。具体时间不一定，但都在这个时段内发布。四大时装周基本上揭示和决定了当年及次年的世界服装流行趋势。

四大时装周整体风格略有侧重，纽约的自然、伦敦的前卫、巴黎的奢华和米兰的新奇已成为这四个时装中心的标志。

学习任务2 国内服装流行趋势发布

一、任务书

了解国内服装流行趋势发布概况，结合国内流行趋势，写出当年国内流行趋势调研报告。

1. 能力目标

（1）理解国内服装流行趋势发布的重要性。

（2）归纳总结影响国内服装流行趋势发布的因素。

2. 知识目标

了解国内服装流行趋势发布的现状。

二、知识链接

经历了20世纪80年代的"港台风"、90年代的"欧美风"，到21世纪初的"韩流""哈日"等，一度被市场定位、社会文化与地理气候因素所影响的中国大众穿着方式与穿着审美，在多年受欧美流行的影响下，具有一种盲从性。而今天中国的服装消费已跨越了流行趋势的初级阶段，不再盲目追随外来的穿着理念，越来越多的消费者讲究个性与品位。这种诉求使当今中国成衣品牌的市场趋势预测呼之欲出，发布中国本土的流行趋势预测势在必行。

随着我国成衣业的迅猛发展，服装流行趋势的研究更显得重要。我国的服装流行趋势研究已进行二十多年。最早起于1986年经国家科委批准的"七五"国家重点攻关项目，开创了我国服装流行趋势研究的先河，建立了一套基础的研究架构和工作体系。2000年以后，吴海燕女士创立的"Why Design"流行趋势工作室，在流行内涵及研究方法上延续了服装流行趋势的课题，对推动我国服装业的发展、引导文明而适度的衣着消费，发挥了积极的作用。"Why Design"流行趋势研究成果一年发布两季，主要是对中国服装流行趋势和中国家用纺织品流行趋势预测的研究发布，已成为目前国内较为权威的趋势预测报告之一。流行趋势研究发布的样章为中国服装、家纺设计师和国内自由品牌的发展提供了重要依据。

通过这些经验的积累，我国目前基本建立了一套与国际流行趋势相一致的，同时适合我国服装业发展现状、具有中国特色的预测方法和体系，形成了从信息研究、数据统计到出版物、多种媒体导向再到各种服饰博览会、趋势发布等多方位、立体式的协调系统。

三、学习拓展

撞　色

所谓撞色是指对比色搭配，包括强烈色配合或者补色配合。强烈色配合指两个相隔较远的颜色相配，如：黄色与紫色，红色与青绿色，这种配色比较强烈；补色配合指两个相对的颜色的配合，如：红与绿，青与橙，黑与白等。巧妙的颜色搭配可以提高一个人的整体气质，穿出自己的个性，张扬自己的气魄。颜色上的运用与碰撞会体现出一个人的个性和精神面貌。

常见的服装撞色搭配：

1. 红+绿
不要以为红配绿不搭调，它们是很正的互补色，要看颜色的饱和度和色相，颜色上选不好，搭配出来就会出大乱子。

2. 黄+紫
在色表上，黄和紫是互补色，利用对比色的这一特点，可以搭配出撞色的效果。黄色和紫色，在某种程度上都属于暖色系，也就是说，在色彩表现上，给人的感觉就是活泼外向。所以这类颜色可以很好地体现出一个人的性格特征，用服装搭配表现活泼开朗的一面。

3. 蓝+橙
橙色属于暖色系，常以热情开朗的角色出现。与之相反的蓝色，给人一种安静且内向的感觉。这两种颜色是最佳的互补色之一。

4. 绿+紫
在色盘上，紫色和绿色是绝对的撞色，但是这两个颜色却往往被人忽视。

任务三　服装流行的预测

任务描述

服装流行趋势预测就是以一定的形式显现出来某个时期的服装流行的概念、特征与款式，通过对服装流行趋势的预测与发布，可以有效地捕捉到服装流行的方向，也有效地控制了一定范围内社会穿着方式的形态与样貌。本节学习是对服装流行的基本规律和服装流行预测的方法进行分析。

能力目标

（1）理解服装流行的规律性。
（2）掌握服装流行预测的方法。
（3）掌握流行预测按内容划分的方法。

知识目标

（1）了解影响服装流行的定量。
（2）了解服装流行预测按时间划分的方法。
（3）了解流行色预测的方法。

学习任务1　服装流行的基本规律

一、任务书

了解服装的流行规律，画出流行规律图（不限表格、图文形式）。

1. 能力目标

理解服装流行的规律性。

2. 知识目标

了解影响服装流行的定量。

二、知识链接

流行预测（Fashion Forecasting）是指在特定的时间，根据过去的经验，对市场、社会经济以及整体环境因素所做出的专业评估，以推测可能出现的流行趋势活动。

服装流行是指在一定空间和时间内形成的新兴服装穿着潮流，它不仅反映了相当数量人们的意愿和行动，还体现了整个时代的精神风貌。服装流行趋势预测就是以一定的形式显现出来某个时期的服装流行的概念、特征与款式，这也是服装流行趋势预测的目标。

通过服装流行趋势的预测与发布，人们对服装流行方面客观的往复性和创新的技术、新的社会思潮进行整理归纳，可以有效地捕捉到服装流行的方向，有效控制一定范围内社会穿着方式的形态与样貌。

流行开始常常是有预兆的，它主要是经新闻媒介传播，由世界时尚中心发布的最新时装消息，对一些从事服装的专业人员形成引导作用，从而导致新颖服装产生。最初穿着流行服装的毕竟是少数人，这些人大多是具有超前意识或是演艺界的人士。随着人们模仿心理和从众心理的加强，再加上厂家的批量生产和商家的大肆宣传，穿着的人越来越多，这时流行已经进入发展、盛行阶段。当流行达到了顶峰，时装的新鲜感、时髦感便逐渐消失，这就预示着本次流行即将终结，下一轮流行即将开始。总之，服装的流行随着时间推移，经历着发生、发展、高潮、衰亡阶段，它既不会突然发展起来，也不会突然消失。一旦一种高级时装出现在店铺、街头，并为人所欢迎，那么大量的仿制品就会以低廉的价格为流行推波助澜。

当今的社会，人们越来越追求个性化，流行的服饰越来越五花八门，但是，服装流行并非盲目的，而是有规律可循的。

服装流行具有规律性，而这个规律又要受到社会发展规律的支配和制约，它是一个循环往复的过程。有的服装色彩会在衰落之后二三十年又重新成为流行色，而复古之风使得祖母时代的款式又成为时尚，但这种循环决非对某个时期服装的简单重复，而是一种螺旋上升的状态。不同的时代，政治、经济、社会和文化的变迁，都曾经反映在穿着上，所以即使从未探知流行报导，多少也能猜得到周围诸事。流行是有规律的，然而流行规律中有许多变量，这些变量会影响人们对服装流行预测的结果，不过服装流行规律也存在着两个定量，就是社会环境和个人需求。

如果说生物界中的生物之间存在着紧密关联的话，那么在服装界同样存在着惟妙惟肖的服装链。纵观服装的发展，不论中西方，历史贯穿着服装流行的始末，社会生产力的发展起着决定性的作用。横观服装的发展，同一时代，由于社会分工的不同，不同的阶层、身份、地位又构成了许多个服装圈，在阶级社会中，不同的社会阶层决定了其服装的差异。

任何事物的发展都不是孤立的，都要受到周围环境的影响。詹姆斯·来弗（James Laver）就曾经简评：式样只是反映一个时代的态度，它们是一面镜子，而非原创物，在经济限制之下，人们需要衣服、使用衣服、丢弃衣服，即使它们符合我们的需求，并表达我们的观念和情绪，我们会选择在当时能反映我们的衣服。

任何流行服装最终都会过时，推陈出新是时装的规律。服装产业为了增加某种产品的获利，在流行的一定阶段会采取一些措施以延长产品衰败的时间，同时又在忙碌着为满足人们再次萌生的猎奇求新心理而创造新一轮的流行。

在设计实践中，服装款式、色彩的流行和普及，影响浸透着人们的日常生活，因此，巧妙地运用流行规律，表现人们所喜欢，所接受的流行款式、色彩、流行具有一定的规律性，一般分为始兴，盛行，衰退三个阶段。起初，因为某种服装稀少罕有而有价值，随着数量增加，与别人类似而不再受到追捧，到了一定时期，人们又向往一种新的变化，所以抛弃原有的流行而追求新的流行，可见流行主要源自人们的心理。因此，要了解服装发展变化规律，掌握发展变化规律的周期，随时调整设计方向，并且抓住新的流行趋势，打破原有生产规律，促使生产工艺和生产设备的改进，从而吸引消费力，提高购买力。

学习任务2　服装流行预测的方法

一、任务书

参考图4-3，了解服装流行预测的方法。

图4-3　Promostyl风格、款式预测

1. 能力目标

（1）掌握服装流行预测的方法。

（2）掌握流行预测按内容划分的方法。

2. 知识目标

（1）了解服装流行预测按时间划分的方法。

（2）了解流行色预测的方法。

二、知识链接

流行的预测，从内容上可分为量的预测、质的预测和全新样式预测三个方面。量的预测和质的预测都是在研究过去的流行基础上，根据流行的规律对未来的流行做出推测，而全新样式的预测则是对过去的流行不曾有的流行现象的推测，这些全新样式是随科技的发展和人们思想、意识、观念的变革而产生的，具有很强的时代特色。

流行趋势预测是捕捉正在被开发的产品的最新发展方向。所以对预测符合未来美学需要的产品分析需在有限的时间内进行。一般情况下，按照流行的时间与内容来划分流行预测的类型和规律。

（一）按时间划分

一般情况下，按时间将流行预测划分为长期预测和短期预测。

1. 长期预测

长期预测是指历时两年或更长时间所做出的流行预测，主要集中表现在：为了建立一个长期目标而做的预测，如风格、市场和销售策略；集中预测那些具有选择性的变化因素。

色彩预测通常提前两年，事实上更早一些时候各国流行色的预测机构便开始搜寻资料准备色彩提案了，以便在国际色彩会议上讨论。品牌作为战略是为了树立某种风格，因而从设计到推广都需要全盘考虑。

2. 短期预测

短期预测是指历时从几个月到两年的时间所做出的流行预测，主要集中表现在：寻找识别特殊的风格；这些风格所要求的层次；这些风格所能被消费者期望的精确时间。

纤维和织物的预测至少提前12个月，通常是两年左右的趋势。成衣生产商的预测通常是提前6～12个月，他们的预测很关键，因为它是选择服装风格进行生产和促进下一个季节流行的基础。零售商的预测通常是提前3～6个月，集中于即将到来的流行季节。根据这些预测买方将计划出他们所需购买的商品风格、颜色与款式等。

（二）按内容划分

按照流行的内容可以将流行预测划分为色彩预测、纤维与面料预测、款式预测和综合预测等。

1. 流行色预测的方法

目前，国际上对服装流行色的预测方法大致分为两类：一是以西欧为代表的，建立在色彩经验基础之上的直觉预测；二是以日本为代表的，建立在市场调研量化分析基础之上的市场统计趋势预测。

（1）直觉预测。直觉预测是建立在消费者欲求和个人喜好的基础上，凭专家的直觉，对过去和现在发生的事进行综合分析、判断，将理性与感性的情感体验和日常对美的意识加以结合，最终预测出流行色彩。这种预测方法要求预测者有极强的对客观市场趋势的洞察力。

（2）市场调查预测。市场调查预测是一种广泛调查市场，分析消费层次，进行科学统计的测算方法。日本和美国是这种预测方法的代表国家。

2. 纤维、面料的预测方法

纤维的预测一般提前销售期18个月，面料的预测一般提前12个月。

对于纤维、面料的预测主要是由专门的机构，结合新材料、流行色来进行概念发布。色彩通过纺织材料会呈现出更多感性的风格特征，所以关于纤维与材料的预测往往是在国际流行色的指导下结合实际材料加以表达的。它使人们对于趋势有更为直观的感受。

3. 款式的预测方法

款式的预测通常提前6～12个月。预测机构掌握上一季畅销产品的典型特点，在预知未来的色彩倾向、掌握纱线与面料发展倾向的基础上，可以对未来6～12个月服装的整体风格以及轮廓、细节等加以预测，并最终制作出更为详细的预测报告，推出具体的服装流行主题，包括文字和服装实物。权威预测机构除了会对各大品牌新一季的T台服装做出归纳与编辑，同样会推出由专门设计师团体所做的各类款式手稿。

4. 零售业的预测预测方法

零售业的预测主要是各大零售公司的专门部门通过信息的收集与分析，结合本公司的定位方向，对新一季的采购工作做出评价报告，并作为采购工作的依据。一般要提前3～6个月。服装零售业的预测在21世纪的重要特点是快速。通过对国际新型零售服装品牌，如西班牙的Zara、瑞典的H&M的经营模式进行研究，可以对零售业的预测加以了解。

这些大的零售公司通常并不热衷于创造潮流，而是对潮流做出快速反应。他们是潮流的发现者，通过在世界各地不停的旅行来发现新的流行趋势。从流行趋势的识别到把迎合流行趋势的新款时装摆到店里，时间通常是在一个月内。

思考题

（1）简述服装流行的概念、特点及服装的流行形式。

（2）我国自改革开放以来，服装流行的主要形式。

（3）思考并分析国内服装流行趋势发布的现状。

（4）影响服装流行的因素有哪些？

（5）服装流行有哪些规律？

（6）流行趋势预测的方法有哪些？

（7）流行色预测的方法有哪些？

单元五

服装营销与品牌

单元名称： 服装营销与品牌

单元内容： 本单元介绍国内国际知名服装品牌。

教学时间： 4课时

教学目的： 通过学习本单元内容，了解国内外知名服装品牌
概况。

教学方式： 理论+实践

课前课后准备： 课前对当地服装市场及服装品牌进行调研，课后
对所调研品牌进行分析。

单元五　服装营销与品牌

任务一　国内知名服装品牌简介

任务描述

国内知名服装品牌概论，主要介绍了国内知名女装和男装品牌，以及这些品牌的标志，品牌发展历史和品牌特征。图片加文字的介绍直观清晰。通过本任务的学习，了解国内知名服装品牌概况。

能力目标

（1）具备识别国内知名女装、男装品牌标志的能力。

（2）能分析国内知名女装、男装品牌的市场定位。

知识目标

（1）了解国内知名品牌的发展历史和品牌特征。

（2）掌握国内知名品牌的品牌名称和品牌标志。

学习任务1　国内知名女装品牌

一、任务书

我国服装品牌兴起于20世纪80年代，源自改革开放和市场经济的发展。本土女装品牌从无到有，从弱到强，数以万计的服装品牌在不断地发展壮大，成为支撑中国服装产业发展的重要力量。随着我国服装企业的成熟，服装品牌在国际服装市场的地位得到了稳固与发展，部分服装企业品牌国际化的梦想得到了初步实现。据统计，中国女装品牌超过2万个。本任务截取部分国内市场知名度高的女装品牌进行介绍。通过本任务的学习，请完成以下任务书（表5–1）。

表5–1　女装品牌调查表

调查项目 女装 企业名称	品牌标志	目标顾客 定位	街区地址	渠道类型	店铺实景

1．**能力目标**

具备识别国内知名女装品牌标志的能力。

2．**知识目标**

（1）了解国内知名女装品牌的发展历史和品牌特征。

（2）掌握国内知名女装品牌的品牌名称和品牌标志。

二、知识链接

现代社会品牌已成为一种生活方式，服装品牌是成衣品牌企业向消费者传递的一种信息。在国外，每个成衣品牌都有明确的定位，传达属于品牌本身的象征意义。从20世纪80年代起，国内服装企业逐渐有了品牌意识，服装品牌层出不穷。国内在规模上发展势头较好的女装有如下几个品牌：

1．**例外**（图5-1）

品牌历史：广州市例外服饰有限公司创立于1996年，主要经营服饰及文化生活等用品，是一家集服装设计生产、销售于一体的具有先进经营理念的企业。

品牌特征：1996年，毛继鸿与马可，共同创建了EXCEPTION de MIXMIND——例外。"例外"这个简单独特的名字和她的反转体英文"EXCEPTION"曾引起几乎所有和它初次相识的人的好奇。而对于这个英文LOGO设计理念的解释——例外就是反的，也正是例外设计风格的写照："EXCEPTION"是不跟风的，

图5-1　"例外"品牌标志

它总是游离于大众潮流之外，却又在不断地创造着新的潮流；"EXCEPTION"在不断打破传统的同时也在不断将梦想转化为现实。

图5-2　"玛丝菲尔"品牌标志

2．**玛丝菲尔**（图5-2）

品牌历史：玛丝菲尔时尚集团创立于1993年，是一家致力于高端时尚品牌运营的企业。

品牌特征：玛丝菲尔以简约时尚的欧式设计风格和精细工艺获得了众多消费者的认可和喜爱。优雅、时尚、经典、大气是玛丝菲尔一直推崇的设计理念。

3．**雅莹**（图5-3）

品牌历史：雅莹隶属于华之毅时尚集团，1997年成立于浙江嘉兴。

图5-3　"雅莹"品牌标志

品牌特征：雅莹以亲民奢侈的品牌定位、精湛工艺和艺术合作成为中国时装的领导品牌，从中国文化美学中探寻优雅新演绎，自信、乐观、智慧、从容，是雅莹赋予现代女性的优质生活内涵，汲取源源不绝的创作灵感，结合国际潮流趋势，为广大的时尚女性，创造一种中国时尚及生活美学的新风貌。雅莹作为优质生活的引领者，为现代都市女性提供全面的着装顾问，通过JEANS、COLLECTION、OFFICE、ELEGANT四大系列，满足都市女性多样化的着装需求，并致力于引

图5-4 "白领"品牌标志

图5-5 "哥弟"品牌标志

领她们成为时尚的焦点和尊崇。

4. 白领（图5-4）

品牌历史：北京白领时装有限公司，创立于1994年，经过多年的潜心经营，白领已经成为中国高级成衣知名品牌。

品牌特征：白领本着为生活而设计的设计理念，为女士们提供最合理的时装搭配方案和建议，并向中国女性传递一种穿着观念和生活方式。通过时装为载体，将一种独特的穿衣格调传递给顾客。这些融入全新时尚创作灵感的不同时装系列，更加全面地展现出每位女性独特的生活方式和成熟魅力。

5. 哥弟（图5-5）

品牌历史：哥弟，1977年创立于台湾的知名女装品牌。品牌分为：哥弟、阿玛施、易俪和梅四个系列。哥弟本着将心比心、相辅相成的团队观，秉持物有所值、诚信的经营理念，乐观、积极、坚毅、负责任的期望，打造出一个不断创造工作岗位回馈社会、有信望爱的企业。

品牌特征：哥弟女装以"儒文化"为品牌内涵，以其准确的目标市场定位而在国内女装界占据一席之地。品牌针对30岁以上女性消费群体，颜色花而不哨，价格高而不贵，剪裁贴而不紧，为顾客提供得体而漂亮的服饰。

6. 歌力思（图5-6）

品牌历史：深圳歌力思服饰股份有限公司自1996年创立以来，一直从事女装服饰的设计研发、生产和销售。

品牌特征：歌力思的品牌风格为"时尚、优雅"，含蓄而不张扬，表达着一种对生活的理解。歌力思一直秉承优雅、时尚及完美品质的现代都市风格，歌力思的服装拥有纤秀的轮廓造型，柔和的色彩搭配和特殊的进口面料，考究的细部处理，永恒演绎着现代都市女性典雅含蓄、温柔婉约的独特个性。

7. 欧时力（图5-7）

品牌历史：欧时力1999年始创于广州，寓意来自欧洲的时尚魅力——希望将欧洲时尚带入中国市场，为消费者打造一个风格突出、与众不同的时尚品牌，用合理的价格为中国中产阶级时尚人士提供丰富、精致的时尚产品。

品牌特点：艺术与商业完美融合，是欧时力（ochirly）散发无穷魅力的源泉。欧时力为消费者制造一个气魄突出、不同凡响的时髦品牌，用合理的价值为中国中产阶级时髦人士提供丰厚、精致的时髦产品。

图5-6 "歌力思"品牌标志

图5-7 "欧时力"品牌标志

学习任务2　国内知名男装品牌

一、任务书

我国品牌服装兴起于20世纪80年代，源自于改革开放和市场经济的发展。伴随着中国服装专业市场30年的发展，中国的服装品牌相比改革开放初期，可以说有了天翻地覆的变化，大大小小的服装品牌林林总总，但是真正能在服装专业市场中走出去、而且能真正做大做强的服装品牌可谓凤毛麟角。本任务截取部分国内发展状况良好，市场知名度高的男装品牌进行介绍。通过本任务的学习，请完成以下任务书（表5-2）。

表5-2　男装品牌调查表

调查项目 男装 企业名称	品牌标志	目标顾客 定位	街区地址	渠道类型	店铺实景

1．**能力目标**

具备识别国内知名男装品牌标志的能力。

2．**知识目标**

（1）了解国内知名男装品牌的发展历史和品牌特征。

（2）掌握国内知名男装品牌的品牌名称和品牌标志。

二、知识链接

中国的服装事业已走向世界服装行业当中，国内男装品牌更是适合我们众多的男性，无论是从服饰的款式上还是从服饰的价格上都是适合大众化的男性穿着。目前国内流行的男装品牌主要有利郎、柒牌、七匹狼、雅戈尔等。

1．**七匹狼**（图5-8）

品牌历史：七匹狼品牌创立于1990年，恪守"用时尚传承经典，让品牌激励人生"的企业使命，在立足于对博大精深的中华传统文化积极挖掘的同时，将西方流行时尚元素融于自身设计理念，并致力于推动中国传统文化与现代时尚创意产业的契合。

品牌特征："男人不只一面"，七匹狼以"品格男装"突显国际化品质和中西兼容的文化格调，以时尚传承经典，以中国面向世界。二十多年来，七匹狼坚持从品质着手，不断创新，致力于为时尚商务男士打造高品质、高格调服装，是"品

图5-8　"七匹狼"品牌标志

格男装"的代表。

2. 劲霸（图5-9）

品牌历史：劲霸男装（上海）有限公司创立于1980年，总部位于上海长风生态商务区。劲霸男装专注夹克，它用独特设计终结了夹克的单调，从而成为中国高级时尚夹克领先者，同时引领夹克及配套服饰的研发设计，让休闲装更时尚。

图5-9 "劲霸"品牌标志

品牌特征：劲霸男装定位为创富族群提供夹克领先的商务休闲男装，并成为他们的着装管家。劲霸男装秉持"一个人一辈子能把一件事情做好就不得了"的核心价值观，一直专心、专业、专注于以夹克为核心品类的男装市场，以"款式设计领先"和"板型经验丰富"获得消费者良好口碑，成为中国商务休闲男装的旗舰品牌。

3. 柒牌（图5-10）

品牌历史：福建柒牌集团有限公司始创于1979年，是一家以服饰研究、设计和制造为主，集销售为一体的综合性集团公司。

图5-10 "柒牌"品牌标志

品牌特征：柒牌系列产品素来以风格时尚、款式经典、做工考究而著称，现已成为大众时尚的焦点。其中华立领系列产品已成为男装时尚中国化的代表，越来越受到世界服装界的高度关注。

4. 雅戈尔（图5-11）

品牌历史：雅戈尔集团创建于1979年，以品牌服装为主业，旗下的雅戈尔集团股份有限公司为上市公司。

图5-11 "雅戈尔"品牌标志

品牌特征：雅戈尔拥有五大品牌，主打品牌YOUNGOR突出功能性；高端品牌MAYOR旨在打造中国的量身定制品牌；GY品牌以时尚风格构筑年轻人的概念世界；HANP健康、环保，清新淡雅源自天成；Hart Schaffner Marx则传承美式休闲风。

5. 利郎（图5-12）

品牌历史：利郎集团，始创于1987年，于国内提倡"商务休闲"男装概念，已发展成为集设计、产品开发、生产、营销于一体的中国商务男装领军品牌。

图5-12 "利郎"品牌标志

品牌特征：利郎集团旗下拥有品牌：利郎LILANZ、子品牌L2。"简约不简单"是利郎的设计哲学，也是利郎二十多年来精心诠释和演绎的核心价值。每一步探索，简约与精致同行，突破与传统融汇。在不懈的求解、取舍中，融合中国智慧的利郎简约哲学升华成包容世界的简约新主张，为全球商务人士带来全新的品牌价值体验。

6. 九牧王（图5-13）

品牌历史：九牧王做西裤起家，1989年品牌创立于福建省泉州经济技术开发区，营运中心位于福建厦门。

图5-13 "九牧王"品牌标志

品牌特征：九牧王男装集面料板型工艺于一体，理性、质感、严谨、做工精细，注重细节及每一道工序，品质完美。九牧王男装有设计感、讲究搭配、板型合体、国际化、流行、现代，是一种绅士个性的表达。

7. 才子（图5-14）

品牌历史：才子服饰股份有限公司创建于1983年。才子股份主营业务为服装设计、制造、销售。产品涉及衬衫、西服、夹克、T恤、毛衫、西裤、休闲裤及男装配饰品等系列。

图5-14 "才子"品牌标志

品牌特征：才子男装以中国精英族群为群体定位，以中国五千年文化精髓为产品创作灵感源泉，目标在于打造中国文化原创第一品牌。历经艰苦创业，才子品牌成功完成战略转型、品牌体系构建，走出了一条个性鲜明、独具特色的品牌之路。

任务二 国际知名服装品牌简介

任务描述

国际知名服装概论，主要介绍了国际上以服装为核心业务的部分奢侈品品牌和快时尚品牌，以及这些品牌的标志，品牌发展历史和品牌特征。图像加文字的介绍直观清晰。通过本任务的学习，了解国际知名服装品牌概况。

能力目标

（1）具备识别国际知奢侈品品名牌和快时尚品牌标志的能力。

（2）能分析国际知奢侈品品名牌和快时尚品牌的市场定位。

知识目标

（1）了解国际知名服装品牌的发展历史和品牌特征。

（2）掌握国际知名快时尚品牌的品牌名称和品牌标志。

学习任务1 奢侈品品牌简介

一、任务书

本任务简要介绍国际上以服装为核心业务的部分奢侈品品牌。世界奢侈品品牌的历史和脉络清晰地显示，奢侈品品牌的诞生与发展有着明显的地域特征和自身特点。从分布格局来看，最早完成工业革命的欧洲是奢侈品的发源地，而当代发展最快且拥有最强大经济实力的美国是占有奢侈品品牌最多的国家。由此可见，奢侈品的产生与社会经济、区域文化的背景紧密相连。从创始年代来看，大多数历史悠久的品牌诞生在欧洲；发起于1950年后的品牌，美国占了很大比例，而亚洲的奢侈品品牌都是诞生在20世纪90年代后，非常年轻。通过本任务的学习，请完成以下任务书（表5-3）。

表5-3　美国奢侈品品牌调查表

调查项目 品牌名称	品牌标志	品牌定位	产品类型	渠道类型

1. 能力目标

具备识别国际知名奢侈品品名牌标志的能力。

2. 知识目标

（1）了解国际知名奢侈品品牌的发展历史和品牌特征。

（2）掌握国际知名奢侈品品牌的品牌名称和品牌标志。

二、知识链接

世界现代时装起源于巴黎，在第二次世界大战后逐渐形成了伦敦等时装中心。一直到20世纪80年代，东南亚经济进入繁荣时期，日本的时装业得到了迅猛发展，产生了有特色的时装设计风格和品牌。同时期的米兰在意大利悠久的传统文化基础上，时装业也进入了兴盛时期，还形成了以超级名模为代表的新时装化现象。巴黎、米兰、伦敦、纽约和东京五个城市被公认为世界最著名的时装中心。这五个城市的发展历史代表着国际著名服装品牌的发展历史。这些著名服装品牌从高级时装开始一路走来，秉承了当地的艺术文化，将品牌一直发展成为世界知名的奢侈品品牌。

（一）奢侈品及奢侈品牌

奢侈品（Luxury）在国际上被定义为"一种超出人们生存与发展需要范围的，具有独特、稀缺、珍奇等特点的消费品"，又称为非生活必需品。奢侈品在经济学上指的是价值/品质关系比值最高的产品。从另外一个角度上看，奢侈品又是指无形价值/有形价值关系比值最高的产品。奢侈品的消费是一种高档消费的行为，奢侈品这个词本身并无贬义。

奢侈品牌是服务于奢侈品的品牌，它是品牌等级分类中的最高等级品牌。在生活当中，奢侈品牌享有很特殊的市场和很高的社会地位。在商品分类里，与奢侈品相对应的是大众商品。奢侈品不仅是提供使用价值的商品，更是提供高附加值的商品；奢侈品也不仅是提供有形价值的商品，更是提供无形价值的商品。对奢侈品而言，它的无形价值往往要高于可见价值。奢侈品生产地的历史和文化往往赋予奢侈品更多的涵义。

从奢侈品牌脉络来看，时装品牌拥有较长的历史。

（二）世界知名奢侈品品牌

1. Dior（图5-15）

中文译名：迪奥。

图5-15　"迪奥"品牌标志

品牌历史：克里斯汀·迪奥（Christian Dior，简称CD），法国著名品牌。由法国时装设计师克里斯汀·迪奥（Christian Dior）于1946年创于巴黎，主要经营女装、男装、首饰、香水、化妆品等高档消费品。亦为全球高级时尚品牌控股公司——LVMH路易·威登集团的子公司。

品牌特征：迪奥一直是炫丽的高级女装的代名词。迪奥女装选用高档、华丽、上乘的面料表现出耀眼、夺目、华丽与高雅，备受时装界关注。继承着法国高级女装的传统，始终保持高级华丽的设计路线，做工精细，迎合上流社会成熟女性的审美品位，象征着法国时装文化的最高精神。

2. Chanel（图5-16）

中文译名：香奈儿。

品牌历史：1910年创立于法国巴黎，创始人可可·香奈儿（Coco Chanel）原名加布里埃·可可·香奈儿（Gabrielle Bonheur Chanel）。该品牌产品种类繁多，有服装、珠宝饰品及其配件、化妆品、护肤品、香水等，每一类产品都闻名遐迩，特别是香水与时装。

图5-16 "香奈儿"品牌标志

品牌特征：香奈儿是一个有百年历史的著名品牌，其时装永远有着高雅、简洁、精美的风格。香奈儿善于突破传统，在20世纪40年代就成功地将"五花大绑"的女装推向简单、舒适，这也许就是最早的现代休闲服。香奈儿提供了具有解放意义的自由和选择，将服装设计从男性观点为主的潮流转变成表现女性美感的自主舞台。抛弃紧身束腰、鲸骨裙箍，提倡肩背式皮包与织品套装；香奈儿一手主导了20世纪前半叶女人的风格、姿态和生活方式，一种简单舒适的奢华新哲学。她留下的经典设计包括：NO.5香水、斜纹软呢、双色鞋、黑色小洋装等，经典的配件就是主张让女人双手空出来的皮革穿链带的手提包，她钟爱的山茶花一直绽放在绸缎晚宴包的浮雕花样里。

3. Louis Vuitton（图5-17）

中文译名：路易·威登。

品牌历史：路易·威登（Louis Vuitton）是法国历史上最杰出的皮件设计大师之一，于1854年在巴黎开了以自己名字命名的第一间皮箱店。一个世纪之后的路易威登，以卓越品质、杰出创意和精湛工艺成为时尚旅行艺术的象征。路易·威登成为皮箱与皮件领域数一数二的品牌，并且成为上流社会的一个象征物。

图5-17 "路易·威登"品牌标志

品牌特征：路易·威登的做法就是坚持做自己的品牌，坚持精致、品质、舒适的品牌精神。路易·威登的服饰风格很容易让人辨别，服装的大胆用色便是路易·威登的特征，最让人印象深刻的是他所设计的亮丽动人花卉图案，被流行时尚界誉为经典之作。

4. Hermes（图5-18）

中文译名：爱马仕。

品牌历史：爱马仕（Hermès）是世界著名的奢侈品品牌，1837年由蒂埃利·爱马仕（Thierry Hermès）创立于法国巴黎，早年以制造高级马具起家，迄今已有170多年的悠久历史。爱马仕是一家忠于传统手工艺，不断追求创新的国际化企业，拥有箱包、丝巾领带、男装、女装和

图5-18 "爱马仕"品牌标志

生活艺术品等十七类产品系列。爱马仕的总店位于法国巴黎，分店遍布世界各地，1996年在北京开了中国第一家爱马仕专卖店。

爱马仕从1837年在巴黎开设首家马具店以来的180多年间，就一直以精美的手工和贵族式的设计风格立足于经典服饰品牌的巅峰。它奢侈、保守、尊贵，整个品牌由整体到细节，再到它的专卖店，都弥漫着浓郁的以马文化为中心的深厚底蕴。拥有180多年历史的爱马仕，世代相传，以其精湛的工艺技术和源源不断的想象力，成为当代最具艺术魅力的法国高档品牌。

品牌特征：爱马仕一直秉承着超凡卓越、极致绚烂的设计理念，造就优雅之极的传统典范。坚持自我、不随波逐流的爱马仕多年来一直保持着简约自然的风格，"追求真我，回归自然"是爱马仕设计的目的，让所有的产品至精至美、无可挑剔是爱马仕的一贯宗旨。

5. Prada（图5-19）

图5-19 "普拉达"品牌标志

中文译名：普拉达。

品牌历史：意大利奢侈品牌PRADA由玛丽奥·普拉达（Mario Prada）于1913年在意大利米兰创建，创始人所设计的时尚而品质卓越的手袋、旅行箱、皮质配件及化妆箱等系列产品，得到了上流社会的宠爱和追捧。普拉达已经从一个小型的家族事业发展成为世界顶级的奢华品牌。

品牌特征：如今，这家仍然备受青睐的精品店依然在意大利上层社会拥有极高的声誉与名望，普拉达产品所体现的价值一直被视为日常生活中的非凡享受。普拉达的独特天赋在于对新创意的不懈追求，融合了对知识的好奇心和文化兴趣，从而开辟了先驱之路。她不仅能够预测时尚趋势，更能够引领时尚潮流。普拉达提供男女成衣、皮具、鞋履、眼镜及香水，并提供量身定制服务。对于批量生产，普拉达对产品高质量的要求丝毫没有松懈，对品质永不妥协的观点已成为普拉达的企业理念。

6. Gucci（图5-20）

图5-20 "古驰"品牌标志

中文译名：古驰。

品牌历史：Gucci，意大利时装品牌，由古驰奥·古驰（Guccio Gucci）在1921年于意大利佛罗伦萨创办。

品牌特征：印着成对字母G的商标图案及醒目的红色与绿色作为古驰的象征出现在公文包、手提袋、钱夹等古驰产品之内，这也是古驰最早的经典LOGO设计。古驰的产品包括时装、皮具、皮鞋、手表、领带、丝巾、香水、家居用品及宠物用品等。

7. Giorgio Armani（图5-21）

图5-21 "乔治·阿玛尼"品牌标志

中文译名：乔治·阿玛尼。

品牌历史：阿玛尼是世界知名奢侈品牌，1975年由时尚设计大师乔治·阿玛尼（Giorgio Armani）创立于意大利米兰。乔治·阿玛尼是在美国销量最大的欧洲设计师品牌，它以使用新型面料及优良制作而闻名。旗下拥有Giorgio Armani Le Collezioni，Emporio Armani，Armani Junior等多个系列。产品也逐渐趋于多元化，由服装扩大到香水、皮包、珠宝首饰、眼镜等多个范畴，甚至还跻身主流酒吧和酒店业等。

品牌特征：在两性性别越趋混淆的年代，服装不再是绝对的男女有别，阿玛尼即是打破阳刚与阴柔的界线，引领女装迈向中性风格的设计师之一。

8. Givenchy（图5-22）

中文译名：纪梵希。

品牌历史：Givenchy，来自法国的时装品牌，纪梵希最初以香水为其主要产品，后开始涉足护肤及彩妆事业。1988年，纪梵希被法国著名奢侈品集团LVMH所收购。创立人Hubert de Givenchy的中文名为于贝尔·德·纪梵希，1952年2月2日他首度在巴黎推出个人的作品发表会。在这场以白色棉布为主，辅以典雅刺绣与华丽珠饰的时装展中，他的创意才华令在场人士惊艳不已，同时也奠定了纪梵希在时装界的尊崇形象。

图5-22　"纪梵希"品牌标志

品牌特征：以华贵典雅的产品风格享誉时尚界三十余年的纪梵希，一直是时装界中的翘楚。纪梵希的4G标志分别代表古典（Genteel）、优雅（Grace）、愉悦（Gaiety）以及Givenchy，这是当初纪梵希所赋予的品牌精神。时至今日，虽历经不同的设计师，但纪梵希的4G精神却未曾变动过。纪梵希华贵典雅的风格，或多或少是其个性的反映。爽朗谦和，再加上法国人的浪漫深情，令纪梵希赢得"服装界彬彬绅士"的美誉。

9. Burberry（图5-23）

中文译名：巴宝莉。

品牌历史：巴宝莉创办于1856年，是英国皇室御用品。过去的几十年，巴宝莉主要以生产雨衣、伞具及丝巾为主，而今巴宝莉强调英国传统高贵的设计，赢取无数人的欢心，成为一个永恒的品牌。

图5-23　"巴宝莉"品牌标志

品牌特征：巴宝莉强调英国传统高贵的设计，长久以来成为奢华、品质、创新以及永恒经典的代名词，巴宝莉的风衣和香水在世界有很高的知名度。巴宝莉带有一股英国传统的设计风格，以经典的格子图案、独特的布料、大方优雅的设计为主要特征。除传统服装外，巴宝莉也将设计触角延伸至其他领域，并将经典元素注入其中，推出香水、皮草、头巾、针织衫及鞋等相关商品。

10. Versace（图5-24）

中文译名：范思哲。

品牌历史：范思哲（Versace）创立于1978年，是来自意大利的知名奢侈品牌。范思哲创造了一个时尚帝国，代表着一个品牌家族，范思哲的时尚产品渗透了生活的各个领域。范思哲除时装还经营香水、眼镜、领带、皮件、包袋、瓷器、玻璃器皿、丝巾、羽绒制品、家具产品等。

图5-24　"范思哲"品牌标志

品牌特征：范思哲的设计风格非常鲜明，是独特的、美感极强的艺术先锋，强调快乐与性感。其中最魅力独具的是那些展示充满文艺复兴时期特色的华丽的具有丰富想象力的女装款式，它们性感漂亮，女性味十足，色彩鲜艳，既有歌剧式的超于现实的华丽，又能充分考

虑穿着舒适性及恰当地显示体型。范思哲善于采用高贵豪华的面料，借助斜裁方式，在生硬的几何线条与柔和的身体曲线间巧妙过渡，范思哲的套装、裙子、大衣等都以线条为标志，性感地表达女性的身体。

11. Yves Saint Laurent（图5-25）

中文译名：伊夫·圣·洛朗。

品牌历史：伊夫·圣·洛朗（简称YSL）是法国著名的奢侈品牌，成立于1961年，创始人伊夫·圣·洛朗（Yves Saint Laurent）最开始为迪奥公司设计时装，后成立自己的品牌，前卫而古典，至今品牌的旗舰产品仍然是昂贵的高级时装，品牌产品中包括时装，香水、饰品、鞋帽、护肤化妆品及香烟等。

图5-25　"伊·夫·圣洛朗"品牌标志

品牌特征：伊夫·圣·洛朗既前卫又古典，善于调整人体体型的缺陷，常将艺术、文化等多元因素融于服装设计中，汲取敏锐而丰富的灵感，自始至终力求高级女装如艺术品般地完美。该品牌始终传达着高雅、神秘以及热情的"圣洛朗"精神。品牌的整体形象是一致的，尽管大师的思路敏捷、题材广泛，但却始终保持法国时装的优雅风采。其女装的常见款式，如夹克套装，厚质面料的挺括与造型设计的雅致恰好相得益彰。若用柔软质料的设计，不管是修长的连衣裙，或正式的套裙，都会处理得十分舒爽和柔美。

12. Valentino（图5-26）

中文译名：华伦天奴。

品牌历史：1959年，年轻的华伦天奴·格拉瓦尼（Valentino Garavani）从法国巴黎回到意大利罗马，开始独自创业。1960年成立了Valentino女装品牌公司，并在欧洲一举成名，华伦天奴·格拉瓦尼被认为是高级女装业中的精英人物。华伦天奴品牌成为意大利的服装奢侈品牌，尤其以生产高档女装而著名，产品包括时装、高级成衣系列、男装系列、

图5-26　"华伦天奴"品牌标志

室内装饰用纺织品及礼品系列、香水系列。

品牌特征：华伦天奴代表的是一种宫廷式的奢华，高调之中却隐藏深邃的冷静，从20世纪60年代以来一直都是意大利的国宝级品牌。华伦天奴的设计讲究运用柔软贴身的丝质面料和光鲜华贵的亮绸缎，加之合身剪裁及华贵的整体搭配，展现名流淑女们梦寐以求的优雅风韵，赢得了杰奎琳·肯尼迪、玛格丽特公主、美国前"第一夫人"南希·里根以及很多明星的青睐。华伦天奴大师成为上流社会社交生活的制造者，既是设计师，同时更像一名社交界的大明星，这也是品牌成功的一大原因。

学习任务2　快时尚品牌

一、任务书

本任务主要介绍了国际知名快时尚品牌，快时尚品牌服装时尚潮流度高，更新速度快；价格亲民，普遍价格偏中下；店铺装修时尚气息浓厚，购物氛围自由，服务贴心，所以受到大部分消费者追捧。近年来，快时尚品牌横扫中国一线、二线甚至三线城市的购物中心。通过本任务的学习，请完成以下任务书（表5-4）。

表5-4　所在城市快时尚品牌调查表

街区地址				
商场/购物中心名称				
快时尚品牌				
经营品类				
店铺实景				

1. 能力目标

具备识别国际快时尚品牌标志的能力。

2. 知识目标

（1）了解快时尚品牌的发展历史和品牌特征。

（2）掌握快时尚品牌的品牌名称和品牌标志。

二、知识链接

（一）快时尚品牌

快时尚源自欧洲英文Fast Fashion，也称McFashion，最初为英国《卫报》造词，前缀Mc取自McDonald's，意思是麦当劳式的快速。把大众平价和奢华多变的时尚结合起来，像麦当劳的快速消费品一样贩卖时装就是Fast Fashion的宗旨。快时尚品牌的兴起正在带动全球的时尚潮流，并在加速改变着世界主流都市文化。

快时尚品牌以快、狠、准为主要特征，所谓快是指快时尚服饰始终追随当季潮流，新品到店的速度快，橱窗陈列的变换频率更是一周两次；狠是指品牌间竞争激烈，而消费者购买快时尚服饰的频率与品牌竞争相媲美；准则是指眼光准，设计师能预知近期潮流趋势，在短时间内设计出各式新潮服装；消费者挑选商品时，看准了就买，绝不迟疑。这与速食年代"求速"的特点如出一辙，因此深受时尚一族的喜爱。

快时尚品牌在欧洲又被称为高街品牌。

高街（The High Street）是指一个城镇的主要商业与零售街道。在大城市，每一个区域都有自己的高街，如北京的西单和王府井，上海的淮海路和南京路等，都算是当地的"高街"。高街品牌最早是指那些英国主要商业街的商店，仿造奢侈品牌时尚秀上所展示的时装，迅速制作为成衣销售，价格低廉的品牌。目前，凡是大批量零售、价格和定位都比较大众化的连锁店品牌，都可以归入高街时尚品牌（High Street Fashion）。高街品牌的最大特征之一便是"快速消费"理念：服装款式更新速度快、款多量少。原创服饰一经展示，人们便能很快从商店买到最流行时尚的翻版。时尚从T型台走上街头的速度越来越快，每一季度都有新的突破，只需要三周时间便可以在市面上看到最流行的服饰了。

（二）世界知名快时尚品牌

1. ZARA（图5-27）

ZARA

图5-27　"飒拉"品牌标志

中文译名：飒拉。

品牌历史：ZARA于1975年创设于西班牙，隶属于世界四大时装零售集团，西班牙排名第一的服装商——Inditex集团。ZARA在世界各地56个国家内，设立超过两千多家的服装连锁店。ZARA是全球唯一一家能够在15天之内将生产好的服装配送到全球多个店面的时装公司，ZARA相对于其他快时尚品牌能更好更快地控制整个流程（从市场调研，到设计、打板、制作样衣、批量生产、运输、零售），它的最大特点就是快速。ZARA深受全球时尚青年的喜爱，设计师品牌的优异设计，价格却更为低廉，简单来说就是让平民拥抱高级时尚。

品牌特征：ZARA充分迎合了大众对于流行趋势热衷追逐的心态——穿得体面，且不会过度消费。ZARA的定价略低于商场里的品牌女装，而它的款式色彩特别丰富。在这里，既可以找到最新的时髦单品，也可以找到任何需要的基本款和配饰，再加上设计丰富的男装和童装，一个家庭的服装造型甚至都可以一站式购齐。顾客可以花费不到顶级品牌十分之一的价格，享受到顶级品牌的设计，因为它可以在最短的时间内复制最流行的设计，并且迅速推广到世界各地的店里。

ZARA每年设计出来的新款将近5万种，真正投入市场销售的大约12000多种，是其竞争对手平均的5倍。ZARA的秘密在于：旗下拥有超过200名的专业设计师，平均年龄只有25岁，他们随时穿梭于巴黎、米兰、纽约、东京等时装之都的各大秀场，并以最快的速度推出仿真时尚单品。

2. H&M（图5-28）

中文译名：海恩斯·莫里斯。

H&M

图5-28　"海恩斯·莫里斯"品牌标志

品牌历史：H&M于1947年在瑞典创立。H&M品牌名是由"Hennes"（瑞典语中"她"的意思）女装与男装"Mauritz"品牌合并，各取第一个字母而成"H&M"。

品牌特征：H&M店中的产品多元，提供男女消费者以及儿童流行的基本服饰，同时贩卖化妆品。店中服饰的平均售价只有18美元。H&M认为，平价才能让消费者负担得起每一年、甚至每一季都去店中购买新推出的产品。这种策略最能吸引15~30岁希望随时都能追上流行的女性消费者。

H&M成功的秘诀除了其先进的营销策略和准确的市场定位，更离不开其与顶级设计师们的强强联手。2005年，H&M请来了时尚界泰斗级大师，来自Chanel的Karl Lagerfeld，他们之间的合作在时尚界掀起巨大波澜。原本天价的大师设计，每个人都买得起，年轻人都为可以穿上印有Karl Lagerfeld For H&M Logo的衣服而欣喜若狂。

3. UNIQLO（图5-29）

中文译名：优衣库。

UNI QLO

图5-29　"优衣库"品牌标志

品牌历史：UNIQLO于1963年由日本迅销公司成立，现已成为国际知名服装品牌。UNIQLO是Unique（独一无二）和Clothing（服装）这两个词的缩写，以向消费者提供"低价良品、品质保证"为经营理念，通过摒弃了不必要装潢装饰的仓库型店铺，采用超市型的自助购物方式，以合理可信的价格提供商品。

品牌特征：UNIQLO打破价格等于档次，品牌等于个性的陈旧观念，提倡为所有人轻松、愉快、自由、随意的生活而提供高性价比的产品。UNIQLO相信：
"人的个性和价值并不在于服饰，而在于本身。"风格和个性应该通过服饰的搭配来实现，
而不是将设计师的风格强加到穿着者的身上。因此，UNIQLO的休闲服饰是任何时候、任何
地方、任何人都可以穿着的，可以使日常生活更加轻松快乐的，具备时尚要素的基本服装。
这就是每个人都可以轻松拥有的"UNIQLO LIFE"。为了实现这一领先的经营理念，UNIQLO
利用遍布全球的渠道，了解最末端流行市场的顾客需求，吸取时尚的潮流要素，与世界知名
纤维生产商共同进行面料开发和研究，自行设计开发商品，自行生产管理。让生产和销售紧
密结合，实现高品质低价格的目标。

4．GAP（图5-30）

中文译名：盖璞。

品牌历史：GAP于1969年成立于美国，是和Zara、H&M并肩的美国最
大的服装零售商，是美国众多青少年的时尚选择。GAP带给人们的是一种
休闲的气质，它让无拘无束的美国青年，能够尽情地享受自然、舒适的生
活。GAP专注于为男士、女士以及婴幼儿提供服装、饰品以及个人护理产
品。GAP产品在全球超过90个国家贩售，包括约3100家公司直营店，300
多家经销商加盟店和网络商城。

图5-30　"盖璞"
品牌标志

品牌特征：以价格合理、式样简单的休闲服装为标志，深受美国大众的喜爱，一到节
假日，GAP店里总是人群川流不息。GAP的服饰可以代表美国普通年轻人的时尚，简洁、大
方、休闲，值得一提的是它的裤装，因为款式比较适合大众，简单但又有流行的细节，价格
适中，面料舒适，深受学生一族的喜爱。

在20世纪八九十年代，GAP发展迅速，旗下的系列品牌Gap、Banana Republic、Old
Navy、Gap kid等相继上市，并在最短的时间内占领了美国休闲品牌市场，并得到了美国及海
外市场的认可。

思考题

快时尚品牌满足了消费者的何种心理需求因而受人青睐？

单元六

服饰形象设计与展示

单元名称： 服饰形象设计与展示

单元内容： 服装作为衣食住行之首，是一种最为基础的生活需求。随着时代的发展，其含义和范围便被拓展开来，进入了装饰的阶段，人们对于服装的要求随之上升到审美与文化的层面。服装与个人的气质和形象密不可分，通过模特的实际穿着与站台等多种形式，能更好地诠释其个性和特点。因此，本单元着重从服饰搭配、动态展示、陈列设计等方面，探讨服饰形象设计及其展示的方法。

教学时间： 4课时

教学目的： 全面了解服装的搭配方法，礼仪规范，动态、静态展示方法。

教学方式： 理论+实践

课前课后准备： 课前进行服饰搭配及陈列图片搜集，课后对所搜集图片优劣进行评价，并进行实际搭配。

单元六　服饰形象设计与展示

任务一　服饰搭配与礼仪

任务描述

美好的形象不仅来自于发型、妆容的设计，更要靠服装的搭配与饰品的选择。俗话说："人靠衣装马靠鞍"，可见服装对于整体形象的重要。合理的服饰搭配不仅要求服装的色彩、款式和谐一致，更要求与穿着者的年龄、体型、肤色、职业以及场合穿着礼仪相协调。在完成本次学习任务的同时，掌握相应的搭配方法。

能力目标

（1）具备色彩搭配的基本能力。

（2）具备服装搭配及饰物选择的能力。

（3）具备服装审美及鉴赏的能力。

（4）具备着装礼仪协调的能力。

知识目标

（1）掌握服装搭配用色。

（2）掌握服装款式风格选择方法。

（3）了解服饰配件及其搭配。

（4）了解着装礼仪的基本原则及要求。

（5）掌握礼仪着装规范。

学习任务1　服饰搭配艺术

一、任务书

为一位肤色白嫩，偏冷肤色，风格优雅的女士搭配一套服装，并说明款式、色彩以及配饰的选择理由。

1. 能力目标

具备合理服装搭配的能力。

2. 知识目标

（1）了解服饰色彩搭配基本原则，掌握服色与肤色、体型、妆色的和谐搭配。

（2）能正确把握服装款式风格的分类及搭配选择方法。

（3）能合理地安排配饰的选择。

（4）掌握服饰与形象设计的关系，进行整体服饰搭配。

二、知识链接

（一）服装色彩的选择

我们所关注的"第一印象"有67%是由色彩决定的，服装色彩是服装的重要组成部分。在新的时代中，个人形象是一张名片，标志了一个人的品位与能力，这就要求我们掌握科学的搭配方法。服装搭配是一门艺术，而色彩的选择更是关键，不仅要考虑最基本的色彩规律，更要考虑肤色、发色、妆色、年龄、性别、爱好等特点以及与整体形象风格的和谐。

1. 色彩基本搭配

服装色彩搭配包含两大方面：一方面是服装本身的色彩搭配，例如上装与下装、外套与里衣的搭配；另一方面是服装及其配件的搭配，例如领带、手套、帽子、围巾鞋袜、手表、首饰、眼镜、包等。为使服装具有整体性，避免搭配时出现不协调的杂乱感，应紧扣服装的整体调性，也就是"色调"，从而表现出服饰色彩的总体特征及倾向。通过不同的色调，色彩的面积、位置表达不同的情感特征及穿着风格。可以借助以下五种搭配方法，展现服饰色彩的魅力。

（1）同一色搭配。同一色相搭配是指服装搭配运用色相、明度、纯度相同的同一色，其特点是服色柔和统一，端庄优雅，心理上易产生平稳的感觉，但容易单调。常用于职业装、套装、晚宴装等正式着装搭配。

（2）同类色搭配。同类色搭配是指运用同一色相不同明度的色彩进行搭配的方法。同类色搭配与同一色搭配有异曲同工的效果，凸显和谐统一，服装色调单纯。但因其明度的变化，又略有愉快的感觉，富有层次感。

（3）邻近色搭配。临近色是指色相环内间隔45°左右的颜色，如红与橙、红与紫、黄与橙、黄与绿、蓝与绿、蓝与紫等。邻近色由于拥有相同的组成元素，又和同类色的对比效果明显，因而展现出柔和雅致，色调明确又富有变化的特点。但若对比不够也会过于单调、平淡。

以上搭配方法均有一定的色彩相似性，因而要合理运用明度、纯度的差别，小面积对比色的点缀，服装面料廓型的变化，以增加节奏感、层次感，避免单调。

（4）对比色配色。对比色搭配是指运用色相环上相距120°左右的色彩进行搭配的方法。其特点是对比较强、鲜明活跃，使人兴奋，但同时也有刺目及不协调之感。

（5）互补色配色。互补色是色相环中差别最大，对比最强的色彩，间隔180°，如红与绿、黄与紫、蓝与橙。因而补色配色效果醒目刺激，有视觉冲击力，但最难协调，在生活中也相对不常见。

对比色与互补色搭配都体现了色彩的对比性，多用于运动装、童装、舞台装的设计。在搭配中可以通过控制用色面积、位置或加入无彩色，运用明度纯度的调和，以缓解其对比强度，增加协调性。

2. 个人体色特征与服装色彩

同样的一件服装，一些人穿着会为整体形象加分添彩，而另一些人穿着却不那么出彩。

这是由于除去服装款式及服装色彩搭配因素之外，还应考虑穿着者本身的年龄、性别、职业、爱好以及肤色、发色等其他因素。服装是与人体密不可分的艺术，合理的色彩搭配可以衬托肤色，使人看起来更为神采奕奕，突出气质，并修正体型，使人变得更有魅力，更漂亮。由此可见，找到适合自己的色彩尤为重要。把人体特征区分为四种色彩基调，并与纷繁的色彩进行科学的群组与对应，就形成了"四季色彩理论"体系，为个体找出最为合适的色彩，回避"排斥色"，科学地进行色彩搭配。具体阐述如下：

（1）春季型。春天总是一副欣欣向荣的景象，拥有明快俏丽的色彩，春季型人与这种春天的色彩完美的统一着，他们有明亮的棕黄色眼眸，细腻的皮肤，柔软的发质，年轻、生动、活泼、娇嫩、有朝气。

眼睛：眼睛轻盈好动，眼珠一般呈亮茶色或棕色，眼白呈湖蓝色。

肤色：高明度、中明度，皮肤白皙、细腻，有透明感。脸颊易出现桃粉、珊瑚粉红晕。

发色：发质柔软、较细，柔和明亮的栗色、棕黄和茶色。

适合用色：浅淡、明亮、活泼、鲜艳的暖色基调，以黄色为主调的色彩群，如黄绿色、桃红色、杏色、象牙白、金橘色、浅棕色、裸粉色、湖水蓝等，尽量避免黑色、藏蓝色、蓝灰色等深重偏冷的色彩，以体现俏丽迷人的特质。

（2）夏季型。夏季有着碧海蓝天，淡雅水乡。而夏季型的人正是体现了这样一种柔和亲切、清新飘逸的温柔气质。她们如同静谧的湖水，优雅的水乡，让人沉静，构成了一幅淡雅恬静、清新安详的美好画面。

眼睛：眼睛轻柔明亮，眼珠呈灰黑色、深棕色、灰棕色。眼白为柔和的白色。

肤色：不同明度均有。肤色有乳白色、米白色、偏灰调的褐色、驼色，脸颊易出现有粉红色腮红。

发色：灰黑色、柔和的黑色或棕色。

适合用色：夏季型人适合柔和的蓝紫色调，可选择柔和淡雅的偏冷色调，如乳白色、淡蓝色、淡粉色、浅灰色、薰衣草紫、清水绿、天蓝色等。适合用统一或相近的色调进行搭配，以体现文静、贤淑、素雅、清新的美好气质。

（3）秋季型。秋天是金色收获的季节，枫叶迷人的红，泥土浑厚的褐，落叶的墨绿与棕黄，交织相应成一幅华丽、端庄与成熟的画面。秋季型的人是最为华丽、高贵的代表，拥有着抹之不去的成熟稳重、华丽典雅。

眼睛：眼珠一般呈现深棕色、焦茶色，眼白偏象牙色或浅湖蓝。

肤色：肤色为不同明度的象牙色、深橘色、褐色，肤质较为厚重，脸颊不易出现腮红。

发色：黑色、深棕、铜色、褐色为主。

适合用色：秋季型人适合沉稳的暖色调，用金色的华丽基调体现高贵的气质，如驼色、咖啡色、橙红色、苔绿色、南瓜色、亮黄绿、砖红、凫色等色彩，应避免藏蓝、黑色、灰色等偏冷色彩。不太适合强对比，搭配应突出华丽感。

（4）冬季型。皑皑白雪，漆黑夜幕，将冬季的纯粹演绎到底，冬季的主题为鲜明的对比。冬季型的人充满个性、锐利分明、与众不同。适合热烈、纯正、大胆的色彩及各式无彩色的搭配。

眼睛：眼珠为深黑色、深棕色，眼白为冷色，眼睛黑白对比分明。眼神锐利，穿透感强烈。

肤色：肤质厚重，显青白或偏青色的黄褐色，脸颊基本不出现红晕。

发色：灰黑色或纯黑色，深酒红亦可。纯正靓丽。

适合用色：冬季型人适合纯度较高的冷基调色和无彩色，以体现饱和、大胆、纯正、强烈的质感。如纯白色、浅灰色、灰色、冰蓝色、冰绿色、冰黄色等带蓝调的冷基调色，或正绿色、正黄色、玫瑰红、正红色等饱和度较高的色彩，来表明冷艳脱俗或冰清玉洁的美感。

在饰品的选择上，春秋两个季型适合暖色调饰品。如金色配饰、铜色配饰、红宝配饰，夏冬两个季型适合冷色调饰品。如铂金等银色配饰、钻石、蓝宝石，饰品应与个人风格相匹配，春季型人应选择靓丽小巧可爱的风格，夏季型要注意优雅精巧，秋季型可运用成熟经典的配饰，冬季型可以运用几何形等略微夸张的饰品，凸显个性。

■ **特别提示**

"四季色彩理论"是由"色彩第一夫人"美国的卡洛儿·杰克逊女士研究发明，并迅速风靡欧美。由日本的佐藤泰子发展成为适合亚洲人的颜色体系，并由西蔓女士从日本带入中国。给人们的着装生活带来了巨大的影响，解决了个体形象设计时色彩搭配的难题。

（二）女士服装款式风格的选择

每个人都有适合自己的风格与个性，根据不同的个人风格，我们将女士个人款式风格分为几大类型，叙述如下：

1. 少女型。少女型人身材娇小。外形轮廓圆润，脸庞偏小，五官甜美，性格天真烂漫、活泼开朗，看起来比实际年龄要小，甜美可人，清纯可爱，略显稚气。适合曲线裁剪的服装，如蕾丝、荷叶花边以及圆领小西装。服装适合A字廓型，弱化胸部、腰部、臀部曲线，如连衣裙、背带裤、短上衣、喇叭裙等。

2. 少年型。少年型人有着轮廓分明的脸庞，身材直线感强，肢体语言帅气干练，性格果断成熟，给人年轻的感觉。适合直线剪裁的服装，如卫衣、马甲、T恤、夹克、牛仔裤、直筒裤、热裤，不强调胸腰，更适合裤装，裙子适合简洁的款式。细节装饰可采用双排扣、明线拉链、肩章、鸭舌帽等凸显时尚、中性化的元素。

3. 前卫型。前卫型人五官精致，线条感强，身材纤瘦骨感，骨骼偏小，性格直率活泼、性格叛逆超前。服装合体宽松均可，也可强调身材曲线，整体风格可采用新潮、反传统、别致、个性化强的设计。搭配时可选用牛仔衣裤、不对称花纹及裁剪、皮革衣料、金属材料、混搭等款式及细节。

4. 自然型。自然型人有着潇洒、健康、大方、活力的独特魅力，神态亲切、随和大方。自然型人面部呈现柔和的直线感，身材亦是直线感强、有运动感，适合宽松休闲的剪裁，整体要求简洁、大方、和谐，避免过于板正及过度修饰的设计，适合如直筒裤、休闲装、针织衫、A字裙、直筒裙等服装。

5. 古典型。古典型人面容高贵，五官端庄，身材高矮适中，整体有直线感，性格上认真正直、知性正统。她们适合做工精致、廓型合体的职业装，如衬衫领、小V领、方领的服饰及丝巾都是不错的选择。运动衫可采用POLO衫等，凸显稳重。面料选择质量上乘的毛料、真丝等凸显质感，整体搭配有职业女性的味道，端庄正统，注重细节。

6. 浪漫型。浪漫型人五官甜美，脸部轮廓圆润，眼神迷人，身材富有曲线。整体性感迷人大气，富有华丽的气质和独特的魅力。着装可强调身材曲线，使用合体的剪裁，突出女性化，可选用蕾丝、飘带、大裙摆、大腰封、花朵等元素的服装，或者直接采用阔腿裤、礼服、吊带、鱼尾裙进行搭配。

7. 戏剧型。戏剧型人往往打扮时尚，引人注目，给人醒目大气夸张之感。她们有着轮廓分明的脸庞，立体的五官，身材骨感，比实际身高略显高大。在服饰选择上应时尚而夸张，可强调领部、腰部、肩部的设计，宽大的外套、大开领、阔腿裤、皮制衣裤、夸张的大型图案和花边，以及偏男性化的服装都可以将戏剧性人的成熟大气、夸张醒目及浪漫性感表现得淋漓尽致。

8. 优雅型。优雅型人眼神柔和，脸部五官圆润柔美，身材具有曲线感，性格温柔恬静，整体给人精致、柔美、优雅、轻盈之感。优雅型人适合合体又不过分强调胸腰曲线的服装，适合柔和的曲线、荷叶边、蕾丝、飘带、镂空等元素，针织衫、连衣裙、开衫、花边衬衫等服装都是不错的选择。

三、学习拓展

男士服装款式风格的选择与女士的分类相差不大，分为六种，简单介绍如下：

1. 戏剧型。戏剧型男士面部硬朗，线条分明，身材显高大，性格大气、成熟，宜采用时尚感强、有舞台感的服装，大领口、大气夸张的图案、醒目的装饰都是不错的选择。

2. 自然型。自然型男士亲和力强，身材有活力及运动感，面部轮廓及五官相对柔和。适合随意、简单、有朴素感的服装，可选用格子、几何图案、天然面料、略宽松及有运动感的元素进行搭配。

3. 古典型。古典型男士五官端正，身材匀称适中，性格稳重严谨。适合精致、合体、均匀、高级的服装风格，面料细腻，图案规则，正装是很适合的选择。

4. 浪漫型。浪漫型男士面部线条柔和，外形华丽、性感，给人风度翩翩、夸张大气之感。服装应选择华丽、有光泽感、图案夸张有曲线感的面料，有醒目夸张的细节，细致华美的做工。

5. 前卫型。前卫型男士面型清晰，线条分明，五官个性立体，身材骨感，性格前卫、叛逆有个性。服装应新潮而特别，选用流行的花纹图样、有对比性的色彩、独特的剪裁及时尚特别的饰物，可凸显他们与众不同、个性十足的前卫风格。

6. 阳光型。阳光型男士线条分明，身材匀称，骨架偏小，性格幽默开朗，略显年轻。服装可选择明亮的色彩，格子条纹等图案，休闲运动的款式。如休闲西服、牛仔装；配饰可用双肩包、胶质运动手环等。

学习任务2　着装礼仪

一、任务书

在职业面试中，你的服装、面貌、体形和发型就是你的外表形象，外表形象打造得好坏直接影响着面试官对你的兴趣与关注。假设你明天要进行一场面试，为自己设计一个符合礼仪规范的职业形象，并说明理由。

1. 能力目标

具备服饰礼仪搭配的技巧，提高与人交往的能力。

2. 知识目标

（1）掌握着装的基本原则，了解着装的要求及技巧。

（2）能正确把握西装及套装的着装规范，注意礼仪细节要求，掌握服饰配件、饰品的选择。

（3）掌握服装礼仪规范，在整体上把握正确得体着装的方法，在此基础上进行服装搭配。

二、知识链接

服装不仅是一种装饰、一种生活需求，更是一种文化，一种礼仪。合理的着装能体现一个人的文化素养、精神面貌，在穿着和搭配中也有着独特的礼仪规范和要求。

（一）服饰穿戴的基本原则

1. 整洁原则

干净整洁是服饰礼仪的基本要求，也是给人良好印象的必备条件。为保持服装整洁有以下几点要求：第一，保持服装的干净整洁，经常换洗。第二，一些面料容易起皱，穿着之前应及时熨烫，保证外观挺括、整齐。第三，保证服装没有漏洞缺损。第四，衣冠整齐，穿衣不能过于随意，应将衣扣系好，不高卷裤腿袖口，整理好下摆，保证仪容仪表的规范。

2. TPO原则

TPO原则是服饰礼仪中最为重要及实用的原则，指的是着装要与时间、地点、目的相适应。T、P、O三个字母分别指Time、Place、Objective，也就是时间、地点、目标。

（1）时间原则。不同的时间里有着不同的着装要求。如西方男士有夜礼服和晨礼服之分，女士日落前也不能穿着的过于裸露，工作时间和休闲时间着装的要求也有很大差别。

（2）地点原则。地点原则是指着装要与地点和场合相适应。不同的国家地区有着不同的风俗习惯，身处不同的位置，着装也要与当地的风俗习惯、文化传统相适应。在不同的场合与人交往，也要注意选择合适的仪表与服饰才能仪态自然、落落大方。例如，办公场合要庄重保守，社交场合要时尚个性，休闲场合要舒适自然。

（3）目标原则。根据不同的目标与对象。如学习、工作、休闲、旅行、宴会等目的的不同，服饰的礼仪要求也会相差甚远。工作时应穿着端庄合体的服饰，根据不同的工种，服饰也有相应的要求。休闲时服装可以宽松舒适、随和大方，以营造舒适轻松的氛围。而晚宴等正式场合，应穿着礼服、西装或套装，以体现正式庄重，赢得信任与尊重。

3. 协调原则

服饰是与人体息息相关的一种装饰，因此要符合穿着者本身的气质。在穿着中应注意与年龄协调，与体型肤色、职业风格、环境相协调，才能达到最完美的穿着效果。

（二）男士西装的穿着礼仪

西装与套装有着严格的礼仪要求。俗话说男士西服"三分做，七分穿"，可见西装礼仪的重要与规范。在穿着中应注意以下方面：

1. 西服的选择（图6-1）

西服是正式场合的最佳着装，所以有着严格的礼仪要求。选择西服时，应从面料、色彩、款式、工艺等方面进行严格的把握。

首先，面料应选择高档的质地，以毛料为主，凸显正装、礼服的质感，以适应多种场合要求。其次，色彩应采用稳重大方的颜色，如藏蓝、黑色及深棕，图案也仅限于条纹等，力求庄重正统。再次，款式上应简单大方，裁剪得体。最后，做工要精良，观测里衬、衣袋是否规整、对称，表面有无褶皱，是否匀称平整，以判断西服的质量。

图6-1　男西服正装

2. 西装穿着的基本原则

根据西方着装礼仪的基本要求，男士在穿着西服时应注意以下原则：

（1）三色原则。三色原则简单地说就是全身的颜色不能多于三种。西装、衬衫、鞋袜、帽子及领带的色彩被限制于三色之内，这样的做法可以体现最佳的配色效果，避免视觉上的纷乱，达到简洁大方的效果。

（2）三一定律。鞋子、腰带、公文包是一个颜色，且首选黑色。

（3）三大禁忌。穿西服时，有三条禁忌是需要特别注意的。第一，西装上衣左袖口商标不拆。西服左边袖口通常有缝制的商标及纯羊毛的标志，穿着时应将其拆下。第二，穿休闲服打领带。领带是极其正式的服饰配件，正统的领带与休闲服极为不相称。第三，穿深色皮鞋配浅色袜子。深浅搭配在色彩上对比鲜明，在着装礼仪方面是失仪之举，职业人士应避免。

3. 纽扣的系法

西服有其独特的系扣原则，所谓"扣上不扣下"。根据西服款式不同，系扣方式如下：

（1）双排扣：全部扣上或扣上面一个。

（2）单排两粒扣：全不扣或扣上面一粒。

（3）单排三粒扣：全不扣、扣中间一粒或上面两粒。

并且注意，站立时扣上扣子，就座时将扣解开。

4. 衬衫的搭配

衬衫的搭配要注意：必须长袖，袖口长度要盖过手部的虎口位置；适用单一色彩或简单细条纹，并且条纹衬衫不与条纹西服搭配；要讲究面料；下摆要掖进裤腰之内。

5. 领带的搭配

领带是西服最重要的配饰。面料首选真丝，除此之外，涤丝也可以使用，其他面料在正式场合均不适合。领带尖端恰好到皮带扣处为宜。正式场合，领带不可过花过艳。

6. 其他细节

（1）口袋里不宜多放东西。为保持西装挺括，西装口袋要不放或少放东西，上衣左胸袋可放一块用以装饰的手帕，内袋可放钢笔，名片夹等物品，切记体积不要过大。西服马甲口袋一般只用来装饰，仅可放表。西裤侧袋可放纸巾、钥匙钱包等物品，后袋不放任何东西。

（2）西服要不卷不挽，保持原状。

（3）要慎加衣物。除了衬衫，马甲之外，西服内一般不穿任何衣服，北方天气特别寒冷时，也仅能加一件薄型V领毛衫，避免西服走形。

（三）女士套装的穿着礼仪

1. 套裙的选择（图6-2）

在正式场合里，女士服装最好选择裙装。在面料的选择上，最好选用纯天然质地的上乘面料，可以使外观匀称，富有质感。色彩不能过艳，应以浅色或冷色为主，全部色彩不要超过两种，图案也应朴素简洁，点缀不宜添加过多。

图6-2 女西服套装

2. 套裙穿着的基本原则

合适的套裙穿法应注意以下几点：

（1）长度适宜。上衣最短可以齐腰，裙子最长可达到小腿的中部，以盖住膝盖为宜。

（2）穿着整齐。衣扣要全部扣好，领部应翻好，整体服装端正。

（3）妆面配饰得体。妆容应采用淡妆，浓淡得当，恰到好处；饰品简约不繁复。

（4）举止合乎礼仪规范，站坐端正，举止优雅。

3. 衬衫的搭配

衬衫搭配要注意：下摆必须掖入裙腰；纽扣要系好；衬衣在公共场合不宜外穿，应与外套搭配。

4. 其他细节

（1）内衣一定要穿，不宜外露，不宜外透。

（2）鞋袜应大小合适，完好无损，不可当众脱下或用脚尖挑住鞋口。

三、学习拓展

饰物佩戴应注意以下几点：

以少为佳，就首饰而论，三种之内最好，且每种最多两件。同质同色，注意风格的统一。符合习俗，比如戒指一般戴在左手上，戴法不同有不同的寓意。戴食指表示无偶且有寻求的意向；戴中指表示正在热恋中；戴无名指表示已经订婚或结婚；戴小指表示独身。

注意搭配的方式，饰物起搭配作用，在色彩及风格上要与服装相一致。

任务二　服装动态演示

任务描述

服装动态展示是指人体着装后进行的活动展示，包括专门的服装展演活动以及日常生活中的动态展示两方面，与我们的生活息息相关。服装动态展示体现了服装的功能性与艺术美感的结合。本单元通过日常行为着装及服装表演两种动态方式展开学习。

能力目标

（1）具备日常服装搭配的基本能力。

（2）具备不同服装风格动态展示的能力。

（3）具备基础服装表演的能力。

（4）具备初步服装表演编导的能力。

知识目标

（1）掌握日常服装风格分类及特点。

（2）掌握不同服装风格和日常穿着动态展示要领及方法。

（3）了解服装表演的起源与发展。

（4）了解服装模特的基本素养及要求。

（5）掌握基本台步展示技能。

学习任务1　日常行为着装的动态展示

一、任务书

假设你是一名空姐，要参加一场圣诞化装舞会，请分析你的职业穿着搭配要领以及你该如何进行化装舞会的准备，并说明这两种形象在动态展示时该如何合理地表现。

1. 能力目标

（1）能正确把握日常服装搭配的方法。

（2）能合理的对日常服装进行动态展示。

2. 知识目标

（1）了解服装动态展示的分类及其特征。

（2）具备判定服装风格的能力和合理的日常展示搭配的能力。

二、知识链接

（一）职业服装的展示

职业形象要求严肃、正统、庄重、干练并具有亲和力。根据职业的异同，展示造型时也需要符合从业者的职业特点，体现职业风采与精神风貌。

1. 服务人员服装造型展示（图6-3）

图6-3　服务人员

服务行业的从业人员，在着装时对亲和力的要求很高，某些大公司会有专门的标准色甚至制服要求。如航空公司、大型酒店等服务人员，妆容、发型都有一定的标准。此时，个人着装展示要求鲜明得体。色彩可以选用常用而贴近生活及大众的色系，以拉近距离体现亲和力。着装上应注意得体规范，妆面应突出和谐，不宜过浓、过淡，不化妆是对顾客的不尊重，妆色以深粉色及橙色为最佳，体现积极的亲和力。一些服务行业要求发型全部束起，不披散，不留碎发，可用发胶固定，发卡来修饰整齐，侧面不多于四个发卡。

2. **外勤服装造型展示**（图6-4）

外勤人员形象展示以舒适感为主，自由度高，可以适度体现时尚与前卫，大胆展示个性与魅力。可选用稍粗的中低跟鞋，便于活动；发型、配饰也可适度夸张，如个性的包袋，夸张的配饰等。但某些相对正式的场合，比如联络上级、拜访客户等，其形象代表了公司，也需要体现庄重与专业。妆面宜体现清爽简单，选择防水产品，防止脱妆的状况发生。

3. **办公室服装造型展示**（图6-5）

办公室服装展示要着重突出专业与干练。服饰款式应简单大方，体现质感与细节，一般要求服装做工精致，面料高档，适当融入个性化与时尚元素。发型多变但要与整体气质协调，不杂乱。妆面要精致、自然，可用肉粉、咖色等眼影和细致的眼线来体现精致眼妆，用眉粉来刻画自然的眉形。配饰要精巧简单、不夸张。

图6-4　外勤人员　　　　　　　　　　　　　图6-5　办公室人员

（二）宴会服装的展示

宴会服装根据场合的不同，展示重点也有所区别。

1. 聚会宴会服装造型展示（图6-6）

聚会气氛相对轻松热烈，展示时无论高雅隆重、妩媚华丽、清新浪漫的形象均可，重点在于突出个人风采，可加入流行与时尚元素，也可适度夸张，但要注意限度。长礼服、短礼服均可，妆面稍浓，重点突出眼部，发型以卷发盘发为主，体现妩媚与生动，配饰可选用高档的宝石等，色彩和谐的手拿包也是聚会晚宴服装的必备饰品。

图6-6　聚会服装

2. 公务宴会服装造型展示（图6-7）

公务宴会服装展示要求体现严肃正式，服装廓型柔和简单，可选用连身裙、优雅套装及正式礼服来凸显端庄高贵的气质；色彩可用中低明度和纯色，以及黑白色作为常用色。饰品精巧大方，体积不宜过大，妆容发型要隆重大方，不要过于艳丽，以体现尊重与专业。

图6-7　公务宴会服装

3. **主题宴会服装造型展示**（图6-8）

图6-8　化妆舞会主题

　　各类主题宴会（如化装舞会、cosplay舞会等）服装展示可以突出个性与创意，大胆突出主题。服装、造型都可以标新立异，夸张独特，配饰也可选择存在感强的。

（三）个性风格服装展示

　　个性服装最能体现时代与流行感，注重自我魅力的展现，也是生活动态展示不可缺少，最为常见的部分。

1. **浪漫风格服装展示**（图6-9）

　　浪漫风格服装展示应以女性的温婉柔和及梦幻的感觉为主。服装线条柔和，色彩浅淡富于变换，配饰宜选择女性化、有光泽感、温和的饰品；妆面应突出精致和透明感，运用清晰的眼线眉形突出立体的五官。展示时要注重活跃、优雅与性感，将身体曲线及艺术气质完美表现。

2. **清纯风格服装展示**（图6-10）

　　清纯服装展示主要表现自然本色、无拘无束的特点。服装款式随意，面料天然，色彩单纯，以浅色棉麻为主。配和谐的配饰，干净的发型，自然的淡妆，以直发、马尾、短发为最佳。校园风、田园风、森林风等都是时下流行的清纯造型。

3. **率性风格服装展示**（图6-11）

　　率性风格服装体现了自然与随意、不拘小节、我行我素的个人情怀，日常展示可突出休闲自然或前卫新潮之感。常用牛仔、皮革等面料，中性的造型要素，混搭的手法，营造率性的气氛。不强调女性气质，运用中性造型、短发、张扬的长卷发和强调轮廓感的自然妆色均是不错的选择。

图6-9 浪漫风格

图6-10 清纯风格

4. 运动风格服装展示（图6-12）

运动风格展示要突出青春和健美之感。运动服装造型简练，舒适感强，简洁实用，色彩相对也较为鲜艳，选择时注重与所参加项目要相适应，发型要梳起，不影响开展活动及训练。

图6-11　率性风格

图6-12　运动风格

三、学习拓展

婚礼服装的展示

婚礼服装展示要以喜庆柔美为主（图6-13）。中式婚礼强调热闹隆重，新人选用中式礼服或旗袍唐装，发型以中式盘发为主，妆容宜古典、喜庆，运用中国红、玫瑰红，给人端

图6-13 婚纱

庄妩媚的感觉。西式婚礼以白纱为主，造型空间大，浪漫、奢华、甜美、田园的风格均可，妆色明度要高，否则会显得暗淡，发型发饰统一即可，可佩戴头纱。参与嘉宾服装要含蓄雅致、合体大方，避免过分暴露与夸张，突出吉祥喜庆的氛围。

婚礼场合有两方面着装要求：一是婚礼主角的服饰，二是参与嘉宾的服饰。

■ **特别提示**

家居服饰展示要体现舒适温馨，色彩温暖、面料舒适，要考虑健康元素。

丧礼服要凸显肃穆的风格，款式要朴素内敛、色彩应选择素色，避免花哨，不浓妆艳抹，突出干净、整洁、庄重的整体形象。

学习任务2 服装表演

一、任务书

十人一组模拟一场娱乐性服装表演，并说明表演要领及技巧。

1. 能力目标

掌握服装表演的基本知识，具备一定的表演技巧。

2. 知识目标

（1）掌握服装表演的分类及特点。

（2）了解服装表演的起源与发展。

（3）了解时装模特应具备的形体条件及专业素质。

二、知识链接

服装表演能最直观的展示出最新的流行趋势、流行色及面料，观众既不是观赏平面的画面，也不是在卖场看静态的服装陈列，而是直接看到服装穿着的动态效果，感受参与感。因此，服装表演是服装不可缺少的重要展示方式。

（一）服装表演的发展概况

1. 玩偶时代

西方古代社会，上层社会领导了服装时尚潮流。在1391年，法国查理六世的妻子伊莎贝拉，发明了一种栩栩如生的人体"时装玩偶"，并给它穿上新颖的宫廷服装，赠送给英王妻子安妮王后。此后，这种新潮的时装玩偶便得到推崇，成为一种时尚。1896年，英国和美国还举办了玩偶时装展，这就是服装表演的前身。

2. 启蒙时期

真人模特的产生大约在1845年的法国，巴黎服装设计师查尔斯·弗莱德里克·沃斯（Charles Frederick Worth）让店内一位名叫玛丽·维尔纳的女营业员披上他设计的披巾在店内走动，向顾客展示效果，结果带动了消费，生意很好，披巾被销售一空。玛丽·维尔纳小姐也因此成为世界上第一位时装模特，也是沃斯的夫人。其后，他们又雇佣了多名年轻漂亮的姑娘在店内展示服装，由此，诞生了第一支时装表演队。

3. 发展与繁荣

20世纪初的欧洲模特业渐渐走向成熟与繁荣，注重与商业的结合，也增加了许多新的形式，走向了多元模式。1928年诞生了第一家行业机构，1971年著名的Elite公司成立标志着第一家跨国模特服务网络公司的成立，开启了商业模特的新篇章。

4. 中国的服装表演

中国服装表演诞生于20世纪30年代，上海丝绸商人蔡声白以展示丝绸面料为目的举行了一场服装表演，引起了上海地区的轰动。1979年法国时装设计师皮尔·卡丹（Pierre Cardin）带领4名本国模特在北京民族文化宫举行时装表演，时装模特的概念被引入中国。随后，各个模特机构、模特大赛及专业的培训机构应运而生，中国模特业在商业化的进程中得以迅速成长与发展。

（二）服装表演的种类和形式

服装表演具有商业与艺术的双重特性。根据其主题、目的与特点也有着多种多样的形式，带来了相应的审美价值与艺术效应。

1. 服装发布会（图6-14）

服装发布会是服装品牌引领潮流的重要竞争手段，许多企业将流行趋势发布，产品销售展示及订货会融为一体，以达到相应的商业目的。世界著名的服装中心，如巴黎、米兰、纽约、伦敦、东京等几大都市，一般在每年1月、7月举行两次高级时装发布，借助各种传播媒介掀起新的时装潮流。由于服装发布会具有超前性和引导消费的作用，因此充分反映着时装行业的发展，具有时代性。

图6-14　服装发布

2．促销类服装表演

　　促销类服装表演是以增加销量，宣传品牌，推出新品为目的的表演形式，一般会配合促销活动，在商业卖场及周边举行，服装贴近生活，以动态展示唤起购买欲望，达到促销目的。

3．竞赛类服装表演（图6-15）

　　竞赛类服装表演有两种形式：一是模特大赛，二是服装设计大赛。模特大赛是通过形体

图6-15　服装模特大赛

测量、台步表演、才艺展示等评选出优秀模特的竞赛，重点在于模特本身的各项素质而非服装。服装设计大赛是设计师根据主题制作服装作品，模特表演需要符合服装特性，体悟设计师意图，因此要求模特具有极强的悟性与表现力，满足设计师的特殊要求。

4. 专题类服装表演

由国家、地区、协会等各项机构举行的专场性表演称为专题类服装表演，表演带有专一的主题。如服饰文化节、流行趋势发布会等。其主题明确，服装富有特色，展出本地流行的、有特色的或是著名品牌及设计师的优秀作品，文化性较强，目的在于加强沟通了解，增进交流。

5. 娱乐类服装表演

娱乐类服装表演具有极强的观赏性和娱乐性，有多重表演形式，一般以文艺演出节目的形式出现，可以融入更多情节、场景，加入舞蹈音乐元素，展示个人风采。强调灯光、舞美、音响等审美效果，此类表演中，服装只是一种陪衬与道具。

（三）服装模特

服装模特是展示服装的理想形象与载体，是有着立体感、灵动而完美的活动衣架，展示着服装设计最理想的穿着效果，传递着艺术的穿着，代表着时尚的载体（图6-16）。

由于市场的细化要求，模特的分工也趋于专业。展示目的不同，对模特的要求也不同，一般将模特分为：服装表演模特、摄影模特、影视广告模特、局部展示模特等。

模特要求有优美的形体条件，一般来说，时装模特女性身高要求在175~182cm之

图6-16　服装模特

间，体重在50~60kg之间，男性身高在185~192cm之间，体重控制在75~80kg之间，上下身比例（下身减去上身长）在8cm以上，头长约为身高的八分之一，肩宽约为身高的四分之一。女模理想三围为90cm、60cm、90cm。脸型小巧，五官立体，拥有极高的形体要求。

除此之外，模特还要具有良好的乐感，独特的气质，充分的自信心，优秀的表现力以及专业的设计知识、表演技能，以准确的理解服装作品主题，充分展示服装，实现自我价值。

三、学习拓展

服装表演技能要求

1. 原地站立要求

正确的站姿是模特表演技能最为基本的要求，良好的站姿能体现挺拔、大方的气质。站立时要求脚后跟并拢，脚尖分开60°，收紧腿部，提臀，立直腰部，挺胸收腹，打开双肩并下沉，手臂自然下垂，颈直头正，身体挺拔，手姿优美自然，达到内紧外松的状态。

2. 原地造型要求

服装表演中的原地造型展示体现了服装的韵律美及雕塑美，能充分地展示服装，表达设计意图，更能促进观众对服装的了解。因此要求模特的姿态能形成优美协调的构图，又利于服装的展示。造型要把握挺拔感、空间感、韵律感、流动感及力度感几项原则，合理运用肢体及面部表情。

3. 基本台步要求

行走时，重心要放在前面，步子迈大，脚跟先落地，落地时膝盖伸直。行走时，胯部上提摆动，双肩平直，手臂自然向后摆动，步伐平稳不颠簸，目光平视，表情优美。总之，身体要协调，跟上音乐节奏，动作流畅富有力度。

4. 转身要求

转身分为上步转身、退步转身、插步转身、侧部转身、360°转体等多种方式，练习时要注重脚下功夫、头肩部的配合，要求动作连贯、干净利索、姿势准确优美，注意重心的转换。

■ **特别提示**

在服装表演中，除去基本的步伐造型之外，更需要与服装、配饰的配合。脱衣展示时要掌握良好的脱衣时机和拿衣服的技巧，动作要从容协调、潇洒大方。展示服饰配件时，要明确表演的重点，当以展示服装为重点，表现配饰的动作要简练，不要喧宾夺主；若以配饰为主展示时，要将重点和注意力集中于要表现的配饰上，运用合理协调的动作及特殊的方法来展示。

学习任务3 服装表演的策划与编导

一、任务书

策划编导一场娱乐性时装表演，制作出策划文案及PPT演示稿，并制作职责表（表6-1~表6-4）。

表6-1　职责表1

表演主题	
场地	
天数	
日期	
时间	
当地联系人	电话：
商品类型	
分类名称	
商品具体目录	1. 2. 3. 4. 5.
商品负责人	电话：　　　　　　　　　　签字：

表6-2　职责表2

模特人数	
模特负责人	电话：　　　　　　　　　　签字：
模特来源	
代理公司联系人	电话：

表6-3　职责表3

推广负责人	电话：　　　　　　　　　签字：	
推广类型		完成时间
1.		
2.		
3.		
设计师	电话：	
印刷人	电话：	

表6-4 职责表4

舞台监督	电话：
用品类型	1. 2. 3.
备用产品	完成时间：
小道具	完成时间：
音乐选择	完成时间：
解说人	电话：

1. 能力目标

初步掌握服装表演编导及策划的内容步骤，具有初步编导排演能力。

2. 知识目标

（1）掌握服装表演策划的基本顺序。

（2）能正确把握完整的服装表演中编导的工作职责及工作步骤。

（3）掌握策划及编导的专业素质及能力要求，形成初步的编导策划的概念。

二、知识链接

服装表演是一门综合性极强的表演艺术，组织策划涉及正式表演的各个方面，需要多个部门人员共同配合，这就需要明晰的组织与策划。

1. 总策划

在确定进行一场服装表演后，主办方及协办方会选派专门人员担任总策划，负责组织、策划文案和任务分配，经过商讨研究，指定总的构思及方案，并把相应的职责分配给他人，明确分工并监管实施与执行。总策划包括模特协调、舞台协调、推广协调、商品协调等涉及服装表演的各个方面。

2. 表演主题

服装表演需要确定的名称和主题，为各演职人员确定工作目标与中心。独特的主题会给观众带来更强的吸引力，是一个成功表演的开始。

3. 编导

服装表演编导是服装表演的整体设计、组织和编排者，一台演出能否有秩序的进行，效果是否理想都与编导的水平有着紧密的联系。服装编导要根据已定的服装主题、观众对象及展演目的，确定编排方案，安排音乐、服装、场幕、舞台及模特，使各种要素成为统一的整体，控制整场，达到最佳的演出效果。

4. 表演方案

服装编导要对整场演出的各个方面，制定统一协调的方案。方案要与演出目的、演职人员能力以及实际硬件配备相符，确定表演及各项活动的时间安排、演出的排序，处理好开场、高潮、低潮、结尾的节奏，使之张弛有度，带给观众惊喜与热情。

5．服装选择

应根据服装表演的主题及目的选择服装，进行排序与分类，并注意服饰配件的搭配。

6．挑选模特

模特是服装表演的重要载体，模特的选择取决于服装表演的类型与服装本身的风格，要挑选体型、形象、风格、特点相适应的模特。根据场次确定人数，并通过进行现场面试或资料面试等选拔方式进行挑选，模特的选择通常由编导、设计师或用人单位选择，也可委托模特公司直接确定。

7．表演设计

表演设计是凸显演出魅力的重要方式，是导演艺术的表现手段。包括模特的舞台位置及行动路线，造型方式及特殊化表演的设计。最终应结合舞台灯光、音效设备来达到统一而丰富的表演效果（图6-17）。

图6-17　表演设计

三、学习拓展

台前制作

完美的设计构思离不开台前效果的修饰，舞美、灯光、化妆及音乐等，对舞台氛围及效果有着决定性的影响（图6-18）。舞美的总体构造取决于演出地点的构成及演出风格，注意安排远距离的视觉感，突出整体的统一。演出前，应提前绘制效果图，并让编导和工作人员有直观的感受，讨论并修改出最佳方案，再进行布置。灯光可以很大程度的改善服装展示效果，突出整体风格。要根据舞台布局、表演类型进行设计，在演出前做好调试、编程与检

图6-18 灯光舞美

测。音乐可以有效地烘托舞台气氛，把观众的情绪充分调动起来，应根据服装风格及走台节奏提前编排音乐，注重连贯与层次。

■ **特别提示**

除此之外，一台演出还涉及许多其他的方面，需要在策划编导时协调其他关系。比如广告宣传、预算制定，观众邀请、主持选定、安保及后勤等都需要在策划及编导时进行安排。

任务三 服装静态展示与陈列设计

任务描述

服装静态展示是相对于服装动态展示而言的一种在固定的环境下进行的服装展示，其目的是展现服装美学及艺术，进行服装宣传与营销。其静态展示有多种不同的形式，包含了美学规律、消费心理、光学效应、视觉艺术等多个学科，最终目的是最大程度的追求商业利润。

能力目标

（1）掌握各种陈列方式的要求。

（2）具备陈列技巧进行陈列设计。

（3）具备综合运用色彩搭配，形式美感进行陈列设计的能力。

（4）具备合理运用服装展示陈列方法的能力。

知识目标

（1）掌握服装静态展示的特征及目的。

（2）掌握服装展示设计的范畴。

（3）了解服装静态展示的不同场合及方式。

（4）掌握基本陈列技巧。

学习任务1 服装静态展示的形式

一、任务书

调研附近服装品牌最近进行静态展示的方式有哪些？并分析其目的与要求。

1. 能力目标

（1）具备分辨各种静态展示形式的能力。

（2）能合理的安排不同场合目的的静态服装展示。

2. 知识目标

（1）理解服装静态展示的目的及意义。

（2）掌握服装静态展示的形式分类及要求。

二、知识链接

静态展示就是通过静止的方式表现出明确目的性的行为。服装静态展示就是利用展台、展具、画报等多种形式，运用空间、色彩的设计搭配来传达流行艺术，引发购买欲的一种促销及宣传手段。静态展示具有以下特征：有着运用文字、图片、音乐、气味等多种方式，融汇时间、空间、交叉网络的多维性；包含多门学科的综合性；与时尚接轨的流行性；以及富有自身特点的独特性。因而，其展示方式也趋于多样。

1. 服装卖场展示设计（图6-19）

服装卖场大多存在于商场内部或服装专卖店，其目标人群主要是广大消费者。展示效果

图6-19 卖场展示

一定程度上受限于空间及装饰条件，因此在展示设计中尽可能做到在统一、和谐、整齐的基础上突出品牌特点与风格。

2. 服装橱窗展示设计（图6-20）

橱窗设计追求新颖及变化，能及时地体现流行性，也是刺激消费欲望的一大亮点，是品牌及卖场宣传的窗口，体现了品牌的设计力和时效性。

图6-20　橱窗展示

3. 服装博览会展示设计（图6-21）

服装品牌企业或营销企业会在各个城市或地区举行服装博览会以展示产品、宣传企业形象、招募合作伙伴。博览会展示设计能充分体现公司企业文化、发展实力及品牌形象，发挥空间较大，艺术创新感也更强。

图6-21　服装博览会

4. 平面广告展示设计（图6-22）

服装平面广告是指运用报刊杂志、服装粘贴画的方式进行的宣传设计。其形式简单，画面优美，相对于其他形式更能渗透于日常生活。

■ **特别提示**

服装静态展示方案一般是服装厂商、经销商等活动举办者，根据品牌定位，在对顾客及市场进行分析后，在研讨的基础上提出的。因此要研究顾客的消费需求、心理形态、观赏习惯，才能取得相应的设计意图，把控整体安排，实现销售目的。在此期间，要注意地点、时间、经费的把控。

图6-22　服装平面广告

学习任务2　服装陈列设计

一、任务书

运用彩纸，芭比娃娃等模型道具，自拟题目进行一组橱窗陈列设计，完全的展示每个细节，使消费目标人群得到视觉与心理的双重冲击与享受。

1. 能力目标

（1）具备初步进行服装陈列设计的能力。

（2）掌握陈列设计的技巧，在追求形式美感及色彩搭配的基础上能够进行整体服饰陈列搭配。

2．**知识目标**

（1）了解陈列设计的方式方法及技巧。

（2）能正确把握陈列设计方法并运用。

（3）能合理地选择陈列方式。

二、知识链接

（一）服装陈列的方式

1．**人模陈列**（图6-23）

人模陈列是指将衣物直接套穿在人体模特上，形成立体形象，给予顾客一种真实感，使之想象自己穿着的景象，带来无法抗拒的心理感受与自我认同。人模陈列可以充分展示服装廓型及细节，常用作橱窗展示或卖场中心，以两个以上的组合形式出现，可以快速的引起消费者注意，诱发消费冲动。

图6-23　人模陈列

2．**吊挂陈列**（图6-24）

吊挂陈列是最常用的陈列方式，指用衣架、吊杆等工具，以自然悬垂的方式进行的陈列。分为正挂、侧挂、单挂、组挂等方式。正挂可突出服装全貌与搭配效果，体现款式、细节，但占用空间。侧挂比较多见，可以有较大的存储量，方便消费者的对比及拿取，节约空间，还可以集中展示某一款式或色彩，具有视觉冲击。

3．**叠装陈列**（图6-25）

叠装陈列是指将服装折叠或平铺的放在展架、桌面、地面或展台上的展示方式。叠装展示丰富了陈列的形式和层次，能充分展示服装的造型和结构，方便顾客拿取，也能使陈列设计展现出稳定性、条理性、层次感，使展品具有组合系列感。适用于牛仔裤、便装、毛衫、T恤等服装的陈列。

图6-24 吊挂陈列

图6-25 叠装陈列

4. 铺贴陈列（图6-26）

铺贴陈列是运用丝线、大头针，扁平衣架等将服装展开固定在墙面或柱子周围的展示方式。可以根据墙面位置灵活布局，直观的展示服装面料质感，给人平整的感觉，应尽量避免单调。

（二）服装陈列的技巧

1. 系统式陈列

是指运用一定的关联对服装进行分类组合，形成统一整体的陈列方式。系统陈列包括：

（1）同质同类系统：同面料、同类别，但规格、花色不同的服装放置在一起的展示方法。如针织面料内衣的组合，皮革外套的组合。

（2）同质不同类系统：同面料不同类别的服装组成一个系列的展示方法，如同为棉质

图6-26 铺贴陈列

面料的上衣、裤子、裙子放在一起展示。

（3）同类不同质系统：类别相同但面料不同的陈列组合，如不同面料，厚度的职业正装的组合。

（4）同类不同品牌的系统：如不同品牌的休闲服的组合。

2. 分类式陈列

分类式陈列是将整体划分为若干部分的陈列方式。可以从多个方面进行分类：如年龄、性别、面料、款式、档次、季节等。

3. 主题式陈列

主题式陈列是指确定一定的陈列中心主题，即在相对独立的各式服装中确立互为联系的要素，从而将服装陈列变成有逻辑和连贯性的设计方式，带来独特的视觉感受，从而深刻的表现中心主题。如儿童专题陈列、户外专题陈列、性感主题陈列、品牌主题陈列等。

4. 综合式陈列

在服装展示中，商家为了突出自身种类花式繁多，常常将不同类别的服装放在一处进行展示，这就是综合式展示。可以给人较为丰富的视觉感受，但在陈列设计中要分清层次、注重主次，合理运用搭配方法，避免过于杂乱的摆放。

三、学习拓展

服装陈列方法

1. 中心陈列法

中心陈列法是指以陈列空间的中心为重点进行陈列设计的布置方法，这种方法目标明确，重点突出，适用于主题的表达。

2. 线型陈列法

线型陈列法是指按照行走路线及服装特点进行布置的编组方法，可用分区、分段、分组的方法进行设计。

3. 特写陈列法

特写陈列法是指运用台灯光效果，放大产品模型或特写照片的方式来突出某一特定产品的陈列方法。

4. 开放陈列法

开放陈列法是一种让顾客直接参与体验的陈列方法，气氛较为自由，顾客可穿着服装产品进行实际的操作，现场进行触摸体验，重点在于展现服装的功能性。

5. 配套陈列法

配套陈列法是指根据特定的服装展示需要，将其放置在与之相应的生活环境中的方法，如户外装的陈列可将衣物放置在花草山的背景中，突出自然环境。

6. 综合陈列法

综合陈列法指将服装材料、生产流程、配套工艺等相关展品，连同服装一起展示的设计方法。

■ **特别提示**

服装陈列还应注重空间设计中形式美法则的运用，色彩搭配及风格的展示。另外照明设计的手法也是不可或缺的方面。只有各项工作相互协调兼顾，才能更好地突出展品的特点和价值（图6-27）。

图6-27　服装陈列示范

思考题

（1）简述服装色彩搭配的基本原则及款式风格的确定方法。

（2）简述服装表演有哪些形式和分类，各有什么特点。

（3）简述服装陈列的方式及技巧。

参考文献

［1］朱松文，刘静伟. 服装材料学［M］. 北京：中国纺织出版社，2010.

［2］梁惠娥，张红宇等. 服装面料艺术再造［M］. 北京：中国纺织出版社，2008.

［3］刘元风. 服装设计学［M］. 北京：高等教育出版社，2005.

［4］冯利，刘晓刚. 服装设计学概论［M］. 上海：东华大学出版社，2010.

［5］欧阳心力. 服装工艺学［M］. 北京：高等教育出版社，2004.

［6］孙丽. 服装制作工艺［M］. 北京：高等教育出版社，2012.

［7］邵献伟. 服饰配件设计与应用［M］. 北京：中国纺织出版社，2008.